想得开，放得下

做个有出息的青少年

王闵 ◎ 编著

中国纺织出版社有限公司

内 容 提 要

放下是一种选择，更是一种生活的智慧。放下该放下的，我们才能如释重负努力做好自己应该做的事，才能清空心灵去承载更多的幸福，我们的人生才能快乐、豁达、成功。

本书立足于当下人们所面临的心灵问题，帮你找到让自己痛苦的根源，放下那些早已失去、从不曾拥有，却在心里挂念不忘的东西，帮助我们解放心灵、释放自我，进而在纷纷扰扰的尘世中找到净化心灵的妙方，收获一份简单的幸福。

图书在版编目（CIP）数据

想得开，放得下 / 王闵编著. --北京：中国纺织出版社有限公司，2021.1

（做个有出息的青少年）

ISBN 978-7-5180-7395-5

Ⅰ.①想… Ⅱ.①王… Ⅲ.①人生哲学—青少年读物 Ⅳ.①B821-49

中国版本图书馆CIP数据核字（2020）第076540号

责任编辑：闫 星　　责任校对：韩雪丽　　责任印制：储志伟

中国纺织出版社有限公司出版发行
地址：北京市朝阳区百子湾东里A407号楼　邮政编码：100124
销售电话：010—67004422　传真：010—87155801
http://www.c-textilep.com
中国纺织出版社天猫旗舰店
官方微博http://weibo.com/2119887771
三河市延风印装有限公司印刷　各地新华书店经销
2021年1月第1版第1次印刷
开本：880×1230　1/32　印张：6
字数：108千字　定价：25.00元

凡购本书，如有缺页、倒页、脱页，由本社图书营销中心调换

前言

很久以前，有个人去朝拜释迦佛，手里拿了两束花。佛说：放下。这个人放下了左手的花。佛又说：放下。他又放下了右手的花。佛再说：放下。那个人迷惑不解，问佛，我已无可放下。佛说：放下你的执着心，放到无可再放。

这一则小故事阐述了"放下"的所有智慧。的确，人生苦短，在短短的人生旅途中，我们在不断地拿起，我们想要的东西太多了，我们希望鱼与熊掌兼得，我们希望坐拥功名利禄。久而久之，我们的心灵染上了一层层尘垢，甚至遮挡了我们前行的视线，此时，我们要学会放下，假如我们把每个包袱都背着走，肯定会很累，甚至有一天可能走不动。

我们说的放下，并不是不求上进，恰恰在于懂得放下包袱，才能轻装前行，才能放自己一条生路，也放别人一条生路。只有放下了，你才会找到真正解决问题的方法。

然而，太多的人不愿意放下，因为放下意味着失去，失败。其实，我们放不下的是自己的执念，但如果我们一直放不下，任凭欲望和贪念无限膨胀，任凭内心垃圾堆积，最终会使自己不堪重负，人生也会变成一场痛苦而无聊的游戏。

为了获得幸福的人生，我们要学会放下一些东西。人生的一切烦恼，归根结底在于人们没有学会放下，从而使身心背负着沉重的包袱，最终生活也变得越来越累。所谓"智者无为，愚人自缚"，人们通常喜欢给自己的心灵套上枷锁，这时"放下"就是一种解脱的心态，一种清醒的智慧。

哲人说，放下，是一种心态的选择，是一门心灵的学问，是一种生活的智慧。懂得放下，你将解脱烦恼，享受自在人生；学会放下，你将快乐淡定，心灵刹那花开。

在生活中，不管我们的际遇如何，请放下昨日的辉煌，放下昔日的苦难，放下所有束缚自己心灵的沉重包袱。放下，我们才会有顿悟之后的豁然开朗，重负顿释的轻松，云开雾散之后的阳光灿烂。

人生漫漫，我们需要学习的智慧有很多，其中就包括放下，要放下，先要看开，然而要看开，还需要心灵导师的指引，这也是我们编写此书的目的。

本书正是从当下人们关注的心灵问题出发，宛如一位哲人娓娓道来，告诉我们该放下时放下，你才能够腾出手来，抓住真正的快乐和幸福，并且，本书从处世、情感、婚恋等不同的角度，将放下的智慧诠释出来，从而让读者了解放下的真谛——想开了就放下了，进而达到人生的最高境界：看透，听明，做到，拿起，放下，收获最本真的快乐和幸福。

编著者
2020年10月

目录

第1章　放下一己私利，宽容大度能拓宽你的人生路 ◎001

　　放下对对手的敌对情绪，共同进步 ◎002
　　从大局出发，放下你的私心 ◎006
　　学会谦让，才能享受他人的敬仰 ◎011
　　放下所谓的面子，才能走向成功 ◎014
　　放下私心，选择合作共赢 ◎018

第2章　放下输赢得失，放宽心去过轻松自在的生活 ◎023

　　不去在意，输赢成败又如何 ◎024
　　放下对他人的效仿，你就能享受独属于你的快乐 ◎028
　　适时退一步，放下是一种明智的妥协 ◎031
　　得失不喜亦不忧，按自己的步调生活 ◎033
　　放下虚伪的面具，开创真实美好的人生 ◎037

第3章　别再纠结，给爱松绑，放下才幸福 ◎043

　　放下过去的误会，主动澄清给彼此一个机会 ◎044
　　选择原谅，感情需要随缘 ◎048

凡事随缘，感情不能强求 ◎050

放下纠结，忘却曾经的伤痛 ◎054

放下斤斤计较，爱情需要珍惜 ◎057

放下曾经的伤痛，宽容你的爱人 ◎061

第4章 放下不如意，再难的日子里也要翩翩起舞 ◎067

人活于世，不必事事太较真 ◎068

一旦抱怨，你就很难触摸到幸福 ◎071

放下悲伤，选择快乐 ◎075

小事无关紧要，何必生闷气 ◎078

卸下压力和紧张，人生需要轻装上路 ◎082

人生不顺时，多宽慰自己的心 ◎085

第5章 放飞你的心灵，放下萦绕心间的束缚 ◎089

放下心理压力，给你的心灵松绑 ◎090

宽恕了别人，就是原谅了自己 ◎094

事已至此，悔恨无济于事 ◎097

放下猜忌，信任是友情的基础 ◎101

人生逆境，看得开才能找到出路 ◎105

攀比之心，只能让你生出无谓的烦恼 ◎109

第6章　放下那些羁绊，豁达为人方能收获幸福 ◎113

放开自己的心，笑纳命运给予你的种种 ◎114

拿得起还要放得下，放下才能收获幸福 ◎118

放下压力，你就获得了动力 ◎121

放弃不是失败，是一种人生的从容 ◎124

学会吃亏，吃亏是福 ◎127

放下那些不平事，让心安宁 ◎131

第7章　放下杂念，奋斗人生路要有非凡的判断力和决策力 ◎135

审时度势，找到最佳方案 ◎136

理智应对，化危难于无形 ◎140

有勇气，才能成大器 ◎144

有胆有识，你就具备了成功的品质 ◎148

越是淡定从容，越是能化腐朽为神奇 ◎152

第8章　运筹帷幄，放下是进退之间的明智选择 ◎157

人无远虑，必有近忧 ◎158

运筹帷幄，要有高屋建瓴的眼光 ◎162

按计划行事，你的人生路更从容 ◎167

进退之间，彰显你的从容大气 ◎171

突破常规，跳出思维的藩篱 ◎175

事有轻重缓急，区别处理更能提升效率 ◎179

参考文献 ◎184

第1章 放下一己私利，宽容大度能拓宽你的人生路

世界之大，每个人都只是其中的一粒尘埃，个人的力量何其微小。一个人如何将自己的力量发挥到最大，如何让自己拥有竞争的优势，如何让自己的人生之路越走越宽？所有这些都需要我们懂得放下。放下不是放弃，而是一种豁达和睿智的智慧。只有学会放下，放下利益、面子、身段、纷争、仇恨、私心、争执等，才会拥有更多的朋友，才能让自己的路越走越宽。同时也只有放下，才能让自己真正释怀，在人际交往中保持一份恬淡的心情，收获更多的快乐。

放下对对手的敌对情绪，共同进步

面对对手，我们要有"宰相肚里能撑船"的大度，更要有"大肚能容，容天下难容之事"的胸襟，放下了，你的路反而宽了。

茫茫人海，每个人不过是其中的一叶小小扁舟。物竞天择，适者生存，一个人如何才能战胜对手，位居上风？真正聪明的人在与对手过招的时候，总会临危不乱、以退为进、以"放"为上。放下并不是放弃，而是一种豁达的竞争心态。

不必仇恨对手，有了对手，你才有危机感，才有竞争力；有了对手，你才会奋发图强，锐意进取。许多人都把对手视为心腹大患、异己、甚至是眼中钉、肉中刺，恨不得马上除之而后快。其实，只要反过来仔细一想，便会发现拥有一个强劲的对手，反而更能体现你的能力和价值。

所以，我们要善待对手，学会放下，千万别把竞争对手当成"敌人"，而应该把他当作一剂强心针，一台推进器，一条驱赶自己不断前进的马鞭。没有对手，我们的日子会平淡、苍白、孤独而悲哀。不要把对手看成敌人，用仇恨心理去对待，对手的存在其实是对自己的一种激励。

日本的北海道出产一种味道珍奇的鳗鱼，海边渔村的许多渔民都以捕捞鳗鱼为生。鳗鱼的生命非常脆弱，只要一离开深海区，要不了半天就会全部死亡。奇怪的是一位老渔民天天出海捕捞鳗鱼，返回岸边后，他的鳗鱼总是活蹦乱跳的，而其他几家捕捞鳗鱼的渔民，无论如何放置鳗鱼，回港后全都是死的。由于鲜活的鳗鱼价格要比死亡的鳗鱼贵出一倍以上，所以没几年工夫，老渔民一家便成了远近闻名的富翁，周围的渔民做着同样的营生，却只能一直维持简单的温饱。老渔民在临终之时，把秘诀传授给了儿子。原来，老渔民使鳗鱼不死的秘诀，就是在整仓的鳗鱼中，放进几条叫"狗鱼"的杂鱼。鳗鱼与狗鱼非但不是同类，还是有名的"对头"。几条势力单薄的狗鱼遇到成舱的对手，惊慌地在鳗鱼堆里四处乱窜，这样一来，反倒把满满一舱死气沉沉的鳗鱼全都激活了。

鳗鱼在没有对手的时候，就失去了生存的动力，可见对手并不是敌人。从这个故事中我们得知，对手使我们变得强大，对手是我们成长的助推器。面对对手，我们要放下执念，不要把对手当成敌人，善待对手就是善待自己。面对对手，我们应该用一颗平常心，真诚地去感谢他们，因为他们磨砺了我们的意志，增进了我们的智慧，激发了我们的潜能。

因此，在面对对手的时候，我们一定要沉得住气，以无招对有招。即使对方有过激的语言或举动，我们也要放下争斗之心，稳定心神，沉着应对。

日本东京曾经有一个武功高强的武士，尽管他年纪很大了，但在和人交手的时候，仍能次次获胜。他是很多武林中人敬仰的对象。

一天晚上，一位年轻力壮的武士前来拜访。这个武士不但武功高强，而且胆大妄为，祸害一方。他和人比赛的时候，经常先用各种方式将对手激怒，逼得对方在忍无可忍的情况下先出手，然后他抓住这一时机，平静而仔细地观察对方的漏洞，一旦抓住对方的弱点，就以迅雷不及掩耳之势进行反击。因为使用了这种招数，再加上自己的超常武功，年轻武士在和人交手时，也从未败过。

年轻武士久仰老武士的声名，却因年轻气盛，不把老武士放在眼里。年轻武士这天前来拜访的目的就是踢馆，想借此来提高自己的声望。弟子们担心老武士年龄太大，不是年轻武士的对手，都纷纷劝老武士不要接受挑战，或者挑选年轻弟子迎战。可是，老武士接下了对方的战帖，并决定亲自出战。

两大高手比赛的消息不胫而走，人们纷纷来到市区的大广场前，观看这场不同寻常的比赛。

比赛开始了，年轻武士像往常那样，开始侮辱老武士，对他扔石头和香蕉皮，还往他脸上吐口水，用脏话侮辱他，想以此来激怒他，但老武士不为所动。

这样折腾了好几个小时，老武士始终不为所动，既不生气，也不抢先出手。这是年轻武士从来没有遇到过的情况，他骂得嗓子都哑了，精疲力竭，已经没有力气和勇气向老武士进攻了。最后，血气方刚的武士不战而退，灰溜溜地逃跑了。

回来后，老武士的弟子们都气不过，纷纷问道："师傅，您为什么不好好教训一下那个狂妄自大的家伙呢？""就是！那个小子太过分，师傅您怎么能忍受？再说，这样也有损师傅您的声名。"

面对弟子们的责问，老武士没有辩解，反而问道："假如有人带着礼物来见你，你不接下礼物的话，礼物归谁？"

弟子齐声回答道："当然是归送礼的人。"

老武士微微一笑，说道："嫉妒，愤怒和侮辱难道不是同样的道理吗？假如这些东西你都拒收，他们还是归对方所有。"

最后，老武士说："从对招的角度来说，他是有，我是无，无招胜有招。"

弟子们听了这番话，才明白了师傅的用意，也从中领悟到了许多道理。

有时候，你的对手做出种种过分的举动就是为了让你愤怒，让你失去理智，从而抓住你的弱点击败你。你若放不下，就会正中对手的下怀。放下并不是认输，而是一种坦然的态度。

面对对手，我们要有"宰相肚里能撑船"的大度，更要有"大肚能容，容天下难容之事"的胸襟。放下了，你的路反而宽了。

面对对手，不要吝啬我们的赞美。善待对手就是善待自己。我们的对手带给我们一笔无形的财富，改变了我们的心态，激起了我们的青春活力。更重要的是，由于对手的存在，我们学会了怎样成长，学会了如何生活，学会了怎样成为一个坚强的人。

感谢对手给了我们成长历练的机会，给了我们克服困难的勇气以及战胜困难的信心。所以，面对对手，放下仇恨，放下一味地竞争，放下忌妒和怒气。在与对手过招中，你的心才能坦然，你的路才会越走越宽，你才能真正赢得成功。

从大局出发，放下你的私心

真正有智慧的人，在对待他人时都知道应该平等待人，即使是一个多么平凡的人。

每个人都生活在一定的社会群体中，都不可能做到"与世隔绝"。生活也不完全是为自己而活，还有他人。每个人在任何时刻都不要忘记修炼自身魅力，而这魅力的增加有赖于品位修养的提高，智慧之人能够从内到外修饰自己，增强自己的气质风度，而处世智慧就是自身修养的一个很重要的部分。真正有智慧的人，在对待他人时都知道应该平等待人，即使是一个很平凡的人。

人生而平等，每个人的人格也都是平等的，没有贵贱之分。对人不尊敬，首先就是对自己的不尊敬。

世界著名的文学家萧伯纳有一次到苏联访问，在街头遇见一个聪明伶俐的小姑娘，就和她一起玩耍。离别时，萧伯纳对小姑娘说："回去告诉你妈妈，今天和你玩的是世界著名的萧伯纳。"不料，那个小姑娘竟学着萧伯纳的语气说："你回去告诉你妈妈，今天和你玩的是苏联小姑娘卡嘉。"这件事给萧伯纳很大的震动，他感慨地说："一个人无论有多大的成就，他在人格上和任何人都是平等的。"

这是一个小故事，但却告诉我们，即使是世界文豪萧伯纳，在人格上也与一个小姑娘无异。的确，我们应该明白，要做到具有人格魅力，不论你有多大的成就，都应该放下架子平等待人。

只有尊重别人，你才会获得对方同等的尊重。在英国还有这样一个故事：

一次，女王维多利亚忙于接见王公，却把她的丈夫阿尔倍托冷落在一边。丈夫很生气，就悄悄回到卧室。不久有人敲门，丈夫问："谁？"回答："我是女王。"门没有开，女王又敲门。房内又问："谁？"女王和气地说："维多利亚！"可是门依然紧闭。女王气极，但想想还是要回去，于是再敲门，并婉和地回答："你的妻子。"结果，丈夫马上笑着打开了房门。

维多利亚女王是个很伟大的女性，可是在丈夫面前她只是一个妻子，她和她的丈夫是平等的。

而当今社会很多人仗着自己拿着高收入、拥有可以炫耀的资本，就自认为高人一等地面对他人，他们也总是摆出一副"人上人"的姿态，这样的人也很难获得别人的尊敬。

她是个高傲、自信且美丽动人的女人，月薪1万，在一家外企公司做事。

都说二十几岁是女人的黄金年龄，而她已经33岁了。她的同龄人都已经是八九岁孩子的妈妈了，但她还是孑然一身。她常常会在心里自嘲："我是一个自由的单身贵族。"不是没有人追求她，而是她总固执地告诉自己：一定要找到自己最中意的男人，找不到就永远不结婚。正是这种信念支持着她一直到现在。

她是一个外企的职员，收入颇丰，但她还是不满意自己的现状，总想着要重新去找一份工作，重新开始一种生活，她已经厌倦了这里的一切。同事关系是其中一个因素，在公司她没有要好的女同事，也找不到人和她聊天。不知道是因为在一起时间长了还是彼此道不同不相为谋，她总觉得她们世俗得可怜。对待身边的亲戚，她永远是敬而远之，永远是那种鄙视的眼神。对待周围所发生的一切，她也常常会嗤之以鼻……久而久之，她的这种做派招来了同事的疏远、主管的找茬，可她还是不愿意改变自己。但是最近发生的一件事让她终于明白，原来自己错了很久。

有一天，她和平常一样，穿着价值三千多的真丝连衣裙出门准备上班，虽然她知道大家还是不欢迎她，可是她才不会去管这些，没必要和那些世俗的女人计较……

正想着这些的时候，她惊叫了一声："啊——"因为环卫大妈的扫帚扫到了自己的裙子上，一个脏脏的印子落下了。

今天还怎么上班？一想到去了办公室会被人笑话，她便把所有的责怪发泄在了环卫大妈身上。

"你是怎么扫地的，不会看着点啊？我的裙子很贵，这样，我怎么去上班？"一连串的话从她的口中冒出来。

"对不起，小姐，刚刚是你自己撞在了我的扫帚上的，不过我会赔的，要不我给您擦擦？"老人从口袋里掏出一块手绢正要给她擦，她下意识地往后一躲。

"别让你的脏手碰到我的衣服，越擦越脏。你赔？你怎么赔？就这样赔吗？"

"我这里有300块钱，要不重新买一件吧，应该够了吧。这是我刚发的工资。"

"300？我这衣服3000，像你这样的工作赔得起吗？你说怎么办吧！"

老人真不知道怎么办了。这时候很多人围了上来看热闹。她从人群中听到一些话：

"这么漂亮的姑娘怎么这样啊，不就一件衣服，至于吗？"

"是啊，即使是女王也不能对一个老人这样啊，况且好像还是个知识分子呢。"

"人和人之间是平等的，职业也没有高低贵贱之分啊。"

听到这些话后，她感觉脊梁骨被人戳了一下，趁着慌乱，忙不迭地"逃走"了。

她是个美丽的白领，本应有着优雅的气质和美好的心灵，可是她的行为却招来了人们的愤慨和谴责。她觉得自己高人一等，因而瞧不起别人，不能给予别人适当的尊重，自然也无法获得别人的尊重，反而让自己落入尴尬境地，难以收场。

人生智慧背囊里有一个秘诀，那就是待人接物要平易近人，温和谦逊。尊敬他人，就是尊敬自己。不论你有多伟大，多成功，都应该放下架子，平等待人，这样你才会拥有别样的人格魅力，才会受到他人的尊敬和赞美。相反，如果你趾高气扬，不可一世，即使社会地位再高，事业再成功，你也会被人"瞧不起"，因为你在人格上失败了。所以，真正的智者知道如何对待身边的每一个人，知道如何用自己的人格魅力去征服别人！

学会谦让，才能享受他人的敬仰

学会了谦让，你才能真正享受生活的馈赠，从而让美的东西不会因为我们的存在而黯然失色。

我们成长的每一个台阶都包含着理性的修炼，处事智慧是我们的"必修课"。我们不仅仅生活在自己的小世界里，在与人相处的过程中，我们要学会放下，学会谦让，你并不会因为这样而失去什么，相反，你会从中得到更多的机会。

谦让是一种美德。"孔融让梨"的故事中，4岁的孔融因为主动让梨，受到了大人的夸奖并被世人称诵。《礼记》中有一句话说得好："德者，得也。"意思是，有德的人必然也会有所得。当然，得到的不是金银之类的东西，而是做人的高风亮节和他人的尊重。

谦让，顾名思义，谦虚地礼让或退让。然而，谦让并不是一味地退让、逃避。东晋葛洪说："劳谦虚己，则附之者众；骄慢倨傲，则去之者多。"你的谦让会让你获得更多心性的提高，受到别人的尊重和爱戴。

谦让并不是放弃，而是为自己赢得更多的机会。"退避三舍"的故事也说明了这个道理。

春秋时候，晋献公听信谗言，杀了太子申生，又派人捉拿申生的异母兄长重耳。重耳闻讯，逃出了晋国，在外流亡

19年。

经过千辛万苦,重耳来到楚国。楚成王认为重耳日后必有大作为,就以国君之礼相迎,待他如上宾。

一天,楚王设宴招待重耳,两人饮酒叙话,气氛十分融洽。忽然,楚王问重耳:"你若有一天回晋国当上国君,该怎么报答我呢?"重耳略一思索说:"美女侍从、珍宝丝绸,大王您有的是,珍禽羽毛,象牙兽皮,更是楚地的盛产,晋国哪有什么珍奇物品献给大王呢?"楚王说:"公子过谦了,话虽这么说,可总该对我有所表示吧?"重耳笑笑回答道:"要是托您的福,果真能回国当政的话,我愿与贵国友好。假如有一天,晋楚之间发生战争,我一定命令军队先退避三舍(一舍等于三十里),如果还不能得到您的原谅,我再与您交战。"

4年后,重耳真的回到晋国当了国君,他就是历史上有名的晋文公。晋国在他的治理下日益强大。

公元前633年,楚国和晋国的军队在作战时相遇。晋文公为了实现他许下的诺言,下令军队后退90里,驻扎在城濮。楚军见晋军后退,以为对方害怕了,马上追击。晋军利用楚军骄傲轻敌的弱点,集中兵力,大破楚军,取得了城濮之战的胜利。

"退避三舍"比喻不与人相争或主动让步,但这种让步却赢得了更大的胜算。相反,如果你不懂得谦虚礼让,生活中的一个骄傲自大的细节可能就会让你付出惨重的代价。

有一个女博士被分到一个研究所里,成为所里学历最高的一个人。有一天,她到单位后面的小池塘去看鱼,正好有两个同事在她的一左一右钓鱼。"听说他俩也就是本科生学历,有啥好聊的呢?"这么想着,她只是朝两人微微点了点头。不一会儿,一个同事放下钓竿,伸伸懒腰,蹭蹭蹭从水面上如飞似的跑到对面上厕所去了。

博士惊讶的眼睛都快掉出来了,"水上漂?不会吧?这可是一个池塘啊!"同事上完厕所回来的时候,同样也是蹭蹭蹭地从水上漂回来了。"怎么回事?"博士生刚才没去打招呼,现在又不好意思去问,自己是博士生呐!过了一会儿,博士生也内急了。这个池塘两边有围墙,要到对面厕所得绕10分钟的路,而回单位上又太远,怎么办?博士生也不愿意去问同事,憋了半天后,于是也起身想往水里跨,刚好,另外一个同事也准备起身上厕所,她一看,不能失了面子,赶在同事前面跨出水面。心想:我就不信这本科生学历的人能过的水面,我博士生不能过!

只听"扑通"一声,博士生栽到了水里。两位同事赶紧将她拉了出来,问她为什么要下水,她反问道:"为什么你们可以走过去,而我就掉水里了呢?"两同事相视一笑,其中一位说:"这池塘里有两排木桩子,由于这两天下雨涨水,桩子正好在水面下。我们都知道这木桩的位置,所以可以踩着桩子过去。你不了解情况,怎么也不问一声呢?"

恰好这一幕被池塘另一端钓鱼的所长看见了,博士生在当年的单位评级中名落孙山。

女博士生虽然有高学历,可是她不懂得如何谦虚礼让,反而骄傲自大,结果在一件小事中闹了一个大笑话。

海纳百川,有容乃大;山集土壤,才成泰岳。不为小事和别人争来夺去是大胸襟之人的本色,退一步方能海阔天空,谦让能化干戈为玉帛,生活中很多误会和争执也会随谦让自然消解。

学会了谦让,你才能真正享受生活的馈赠。家里有了谦让,会使一家人其乐融融,互敬互爱;社会中有了谦让,会使我们更加团结友爱,互相理解。

聪明的人在为人处世的时候,不会摆出"高人一等"的姿态,不会为了一点小事和别人斤斤计较,而是懂得礼让待人。谦让是一种修养,谦让是一种美德,谦让背后暗藏着更多的机会。所以,我们应该放下身段,学会谦让,这样才会获得更多的朋友。人生的路是自己走出来的,学会放下,学会谦让,别人才会帮你把人生的路越铺越宽!

放下所谓的面子,才能走向成功

面子只是一种自我感受,它是人们的虚荣心作祟的结果。面子会使人们贪慕虚荣,盲目攀比,疲惫不堪。而当你放下面

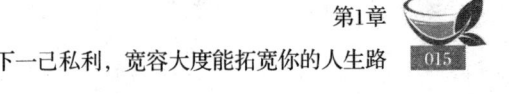

子、踏实地生活的时候，你就会轻装上阵，无欲则刚。

面子观念由来已久。在人们口中，"树活一张皮，人活一张脸""佛争一炷香，人争一口气"等和面子有关的俗语比比皆是。德国有位专门研究中国文化的教授马特斯说："中国人的面子，就是一种角色期待，中国人是作为角色而存在的，而不是作为人本身存在的。"生活中有些人为了面子互相攀比，铺张浪费：例如结婚时一定要大摆宴席，豪华车队，知名人士捧场，仿佛不这样就会非常没面子。工作中和同事攀比职位，攀比薪水……殊不知，你赢得了面子，却输了更多。

每个人都渴望成功，然而成功之路本就艰辛，面子更成为束缚成功的枷锁。既然如此，何不卸下这沉重的枷锁？放下面子是一种智慧的选择。放下的是面子，舍弃的是心灵重负，得到的却是成功的机会。学会放下面子，真正解放心灵，抓住机会，求得成功。"卧薪尝胆"是我国家喻户晓的典故，勾践为了等待复国机会，不也是放下了面子，忍辱负重？

春秋时期，吴、越两国相邻，经常打仗，有次吴王领兵攻打越国，被越王勾践的大将灵姑浮砍中了右脚，最后伤重而亡。吴王死后，他的儿子夫差继位。三年以后，夫差带兵前去攻打越国，以报杀父之仇。

公元前497年，两国在夫椒交战，吴国大获全胜，越王勾践被迫退居到会稽。吴王派兵追击，把勾践围困在会稽山上，情况非常危急。此时，勾践听从了大夫文仲的计策，准备了一些金银财宝和几个美女，派人偷偷地送给吴国太宰，并通过太宰向吴王求情，吴王最后答应了越王勾践的求和请求。吴国的伍子胥认为不能与越国讲和，否则无异于放虎归山，可是吴王不听。越王勾践投降后，便和妻子一起前往吴国，他们夫妻俩住在夫差父亲墓旁的石屋里，做看守坟墓和养马的事情。夫差每次出游，勾践总是拿着马鞭，恭恭敬敬地跟在后面。后来吴王夫差生病，勾践为了表明他对夫差的忠心，竟亲自去尝夫差大便的味道，以判断夫差病愈的日期。夫差病好的日期恰好与勾践预测的相合，夫差认为勾践对他敬爱忠诚，于是就把勾践夫妇放回越国。越王勾践回国以后，立志要报仇雪恨。为了不忘国耻，他睡觉就躺在柴薪之上，坐卧的地方挂着苦胆，表示不忘国耻，不忘艰苦。经过十年的努力，越国终于由弱国变成强国，最后打败了吴国，吴王羞愧自杀。

倘若勾践不放下一国之君的面子，倘若他还以国王自居、不肯在吴国忍辱负重，他能重建家园，一雪灭国之耻吗？

面子只是一种自我感受，它是人们的虚荣心作祟的结果。面子会使人们贪慕虚荣，盲目攀比，疲惫不堪。而当你放下面子、踏实地生活的时候，你就会轻装上阵，无欲则刚。同时，只有放下面子，当成功的机会出现在你眼前的时候，它才不致成为阻挡你成功的绊脚石。小徐的成功就是在很多人的嘲笑声中走出来的。

小徐来自湖南农村，2005年考上重庆的一所技术学院。大二时，母亲去世，本来就不富裕的家庭更是雪上加霜。为了减轻家里的负担，自小孝顺的小徐更加节约，每天早上花一块钱买三个馒头当做一日三餐。但是，没有经济收入，再节约也还是得从家里拿钱，家里已经一贫如洗了，再这样，自己也只能退学了。小徐开始寻找商机，琢磨着自己赚钱。

小徐注意到，学校的垃圾箱旁经常有一些拾荒者来捡饮料瓶。她打听到，一个塑料瓶可以卖一毛二分钱。面对商机，她的心里却打起了小鼓："我一个大学生去捡破烂，同学会不会瞧不起我？"但想到贫困的家境，她豁出去了。

就这样，小徐成了一个"学生拾荒匠"。刚开始，她只敢趁下晚自习偷偷捡几个饮料瓶，但这点收入只是杯水车薪。她决定每天晚上跑一栋寝室楼，一个一个地敲门收饮料瓶。"第一次敲门，我脸都红透了，紧张得连自己的声音都听不到，收到的瓶子也很少。"这样不是办法，她一咬牙：养活自己比面子重要，要做就光明磊落地做！于是，她放下面子开始大方地敲门收饮料瓶。面对有些同学的嘲笑，她并没有在意。一周下来，她横扫了整个学校的饮料瓶，收了近8000个，净赚800多元。

小徐总是随身带一个大书包，在学校里看到塑料瓶就捡起来装进书包里，存满一定数量后再卖掉，她还笑呵呵地对同学们自称"流动废品站"。但是，她并不满足于当"流动废品站"，为了发展废品回收业务，她又办起了一个特别的寝室小卖部。在这个小卖部里，同学们不仅可以现金消费，还能"以物易物"，用塑料瓶和旧书换等价的商品。这种新的经营模式在学校广受欢迎，每天上门"易物"的同学络绎不绝。直到大学毕业，她也没有向家里要过钱。

一个女大学生为了完成自己的读书梦想，她放下了面子，收起了破烂。因为面子不能让她吃饱饭，不能让她有书读，更不能让她很好地生存。

所谓的"面子"，不过是一种表面上的虚荣，而不是骨子里的自尊和自信。其实，面子没有你想象的那么重要。如果你把面子看得比什么都重要，很多机会就会因为你在面子上放不下而与你擦肩而过。面子不是一切，放下你所谓的面子吧，留住机会，把握机会，才能更好地赢得成功！

放下私心，选择合作共赢

不管努力的目标是什么，不管干什么，他单枪匹马总是没有力量的。合群永远是一切善良思想的人的最高需要。

俗话说得好："三个臭皮匠，胜过一个诸葛亮。"可见合作的重要性。合作需要团结，而团结则要求齐心协力，不能打自己的小算盘。我们在工作中理所当然也需要合作，聪明的人知道如何集大家的力量，顺利把工作完成。在这一过程中，就要多为对方考虑，摒弃自私自利的念头，才能更加团结。

在现实社会中，到处可见合作：一次手术的成功，需要医生与护士的合作；生活需要的一切，也都需要合作生产。不仅人类学会合作，就连小小的蚂蚁，在发现食物后，都会共同合作，把食物搬回"家"。它们小小的体形，居然能搬动超过自己许多倍的庞然大物。叔本华说："单个的人是软弱无力的，就像漂流的鲁滨逊一样，只有同别人在一起，他才能完成许多事。"

很多时候，你懂得合作的重要性，可是在合作的过程中，你就是放不下自私的想法，只顾自己的利益无法从对方的角度考虑问题，从而无法团结起来，也就无法真正达到应有的合作效果。

歌德说过："不管努力的目标是什么，不管他干什么，他单枪匹马总是没有力量的。合群永远是一切善良思想的人的最高需要。"的确，只有为别人考虑，合作起来才会愉快，才能真正的团结，任何问题在强大的集体力量面前都会迎刃而解。害怕自己在合作中会丧失利益的人，什么都喜欢斤斤计较，不理解别人的意见和想法，最终也无法得到别人的理解，终将一事无成。

有部电影中有这样的情节：六七个人被关在一间屋子里，

屋里充满了毒气，每个人只有两个小时的存活时间。要想活下来，只有两个选择：第一，在这两个小时内冲出屋子；第二，在这两个小时内找到解药，也就是一管注射液。解药分散在各处，必须努力去找，不过，每个人均有一支。但是，有一支解药的位置是明确的，就在大家面前的保险柜里。要命的是，密码被写在每个人的脖子后面。请注意，这间屋子里面是绝对没有镜子的。

在这样的境况下，出现了这样一些行为，大家首先想到的是冲出屋子，而不是去找什么解药。于是，第一个人用钥匙去开门，结果被射进来的箭头射穿了脑袋。经过一阵折腾以后，大家发现冲出去似乎是个愚蠢的选择。于是，各人转向第二个方案，找解药。这个过程是影片最精彩的部分。

首先，大家发现火炉里面有解药，于是一个人爬进去，结果发现有两支。当他去拿第二支时，触动了机关，炉子起火，他被烧死了，这意味着有两支解药损失了。

这之后，有人发现一起找似乎并不是一个好选择，因为找到之后势必是大伙抢这一支，后果不堪设想。于是，人群分散了。其中的一个女人单独行动，她幸运地发现解药悬在一层玻璃上面。她举起手，打破玻璃去拿解药，结果注射液洒落，手却被卡在玻璃里面。于是，她只能在那里流血，绝望地等待死亡，解药又损失了一支。

一次次的损失，使其中的一个身材强壮的人想到了保险柜里面的那支解药。但是，他必须看到每个人脖子后面的数字。就是为了这个目的，再加上对方的不配合，他杀了几个人。由于没有镜子，他无法看到自己脖子后面的数字，而别人也不告诉他，所以，他只能用刀子把自己脖子后面写着数字的皮割下来。

这是一个生死抉择的故事，故事血腥而残忍，故事中的人因为自私自利，当生命出现危机的时候，本应是同舟共济的他们却互相猜忌，结果只能同归于尽。其实只要他们之间互相帮助，便能走出困境重获新生。

就连一群小蚂蚁都能愉快地合作，将比自己大很多的东西搬回家，动物尚能如此，聪明的人类呢？为什么不放下私心，多从对方的角度想想，为何不愿意以大局为重，和大家团结在一起把整个任务完成？要知道，团体目标的完成需要大家的共同努力，多为对方考虑，你定能和大家一起"共同撑起一片美好的蓝天"！

第2章 放下输赢得失,放宽心去过轻松自在的生活

　　人生不如意事十之八九,在挫折面前要看得开,不要让失意压弯了腰;在人际交往中要放宽心,多想一想他人的好处与优点,多一分体谅和宽容。放下自己的固执和成见,看清名利的纷争,这样烦恼自然就会少一些。有时你之所以感到生活黯然失色,是因为胸襟不够开阔;不是人生孤独寂寞,而是你还不知如何取舍。抛下烦恼,给心灵洗个澡,我们的心灵才能得到真正的解脱。就如哲人所说:只有你微笑着面对生活,生活才会回报你微笑。

不去在意，输赢成败又如何

一个心态潇洒的人，即使遇到了失败也会另有一番解读，他们会平静地接受现实，放下失败带来的不良情绪，把失败当作锻炼自己的机会。

在这样一个急功近利的社会，我们很容易把输赢当成一个人是否成功的标准。以输赢论成败的人生，犹如一个巨大的赌局，在这场赌局中，谁也不可能成为永远的赢家，谁也不可能永远做输家。在赢的时候，有些人自然会春风得意，激情飞扬，而输的时候又难免失魂落魄，一蹶不振。这种人的得失心很重，在看待输赢上缺乏一种潇洒心态。

以潇洒的心态看输赢，我们会有不同的收获，达到一种更高的人生境界。潇洒并不只是言行举止的神采超然、风度翩翩，潇洒其实是一种独特的境界，是对待生命诚挚的态度。人生于世，拥有达观的心境，便能超凡脱俗，不为世事所累。潇洒的境界源于理性豁达和对万物的洞察及生命的热情，有了这种心态，不仅会使我们以平和淡然的态度来参与这个世界残酷

第2章
放下输赢得失，放宽心去过轻松自在的生活

激烈的竞争，更会使我们以超脱淡定的心情来面对输赢成败的结果。

在这个大千世界里，我们都是芸芸众生里的一员，有着普通人的欲望和情感。每个人都希望一帆风顺地走过一生，但在这个现实的世界里是不可能的。有些人由于不能有一个很好的心态来面对"输"，一旦遇到一些经济上的、生活上的或者情感上的挫折和失败，就会被击倒在地，整个人都变得萎靡不振、颓废不堪。可是，一个心态潇洒的人，即使遇到了失败也会另有一番解读，他们会平静地接受现实，放下失败带来的不良情绪，把失败当做锻炼自己的机会，以更加积极的心态再次迎接挑战。

2008年北京奥运会是举世瞩目的一次大型体育运动盛会，由于是东道主，中国运动员的表现自然受到国人的关注与期待。在所有人都期待雅典奥运会冠军能够再一次完成奥运首金的壮举时，杜丽却失败了。8月9日晚，当奥运村笼罩在兴奋和紧张中的时候，杜丽悄然离开。那个夜晚，在自己的房间里，杜丽失声痛哭。随后的几天杜丽更是坚决不出门。"怕别人认出我来"杜丽很害怕。

"我不想打了"压力下的杜丽无法承受，她不断地说出这样的话，就在8月13日，步枪三姿比赛的前一天，杜丽训练状态又不是很好，她又想到了放弃。教练王跃舫无疑是最着急的人，"想想当初被选拔上的高兴心情，现在机会来了怎么能放弃呢？不管前面怎么样，我们还要努力，想看五星红旗升起，那咱们拼进前三名就可以了"后来不断有观众、志愿者、记者给杜丽送来祝福和鼓励的卡片；报纸上，理解杜丽的文章成为主流；互联网上，宽容杜丽的呼声一浪高过一浪；现实中，杜丽也不断得到各方的支持。杜丽终于放下了心里沉重的包袱，放下了失败带来的痛苦，重新走向射击场，在14日的射击比赛中拿到了奥运金牌。

赛后，记者问杜丽如何摆脱失败的阴影重回最高领奖台的，杜丽说："其实前几年我的心态一直比较好，我觉得首金不首金都无所谓，因为对运动员来说能够参加奥运会已经是很不容易了。但是到了后面，好像不只是自己一个人在比赛了，更是为了别人，因为有太多人帮助了我，如果打不好就感觉好像是对不起他们、辜负了他们。比赛之前那几天，我对着天花板在想，如果我打好会怎样，打不好又会怎样？当时感觉那股火把斗志给逼出来了，最后我也没有想过为什么会打得那么好，真的已经是很棒很棒了。"

从首金失利到四天后夺冠，杜丽的故事让我们看到了潇洒面对输赢，实际就是一种放下的心态。若放不下几天前的失利，放不下全国人民的期待，放不下自己内疚的心理，她可能再一次在赛场上铩羽而归。很多时候，我们都希望事情会朝我们想象的方向发展，但是事实却未必如此，失败的阴影总会第一个袭来。当我们遇到这种情况时，不妨洒脱一点来对待，做到"宠辱不惊，闲看庭前花开花落；去留无意，漫随天外云卷云舒"。

面对失败需要一种潇洒的心态，其实面对"赢"也需要这种心态。有些人容易被一时的胜利冲昏头脑，不免骄奢狂放、得意忘形，他忘了这个世界从来都没有常胜将军，很可能下一次就会遇到让他猝不及防的失利与打击。

居里夫人世界闻名，但她既不求名也不逐利。她一生获得奖金10次，奖章16枚，名誉头衔107个，却全不在意。有一天，她的一位朋友来她家做客，忽然看见她的小女儿正在玩英国皇家学会刚刚颁发给她的金质奖章，于是惊讶地说："居里夫人，得到一枚英国皇家学会的奖章，是极高的荣誉，你怎么能给孩子玩呢？"居里夫人笑了笑说："我是想让孩子从小就知道，荣誉就像玩具，只能玩玩而已，绝不能看得太重，否则就将一事无成。"

正因为从不在意外界的荣辱得失，居里夫人才能专心致志地投入到自己热爱的科学事业中，从而取得了巨大的成就。更难能可贵的是，居里夫人把她所取得的巨大荣耀看得很淡，视为身外之物，这使我们不得不佩服居里夫人潇洒的情怀。

生活给予我们诸多体验。面对各种各样的心情，我们可以引吭高歌，可以长歌当哭，可以豪饮一醉，可以平静如水，可以在千百次的孤独和痛苦里体验刚强生命。生活不相信眼泪，我们未必要拒绝月下的忧伤，但一定要避免沉溺于往事的伤悼。不抱怨命途多舛，不逃避风雨磨难，坦然走自己的路，这便为真潇洒。

放下对他人的效仿，你就能享受独属于你的快乐

上帝在关上你一扇门的时候，总会给你开一扇窗。世界上许多人因为各种原因放下了他们本来拥有的，却得到了别人无法拥有的。

放下才会有所得，是一种辩证的看待问题的方式，也是一种处世哲学和人生智慧。放下与得到，如同马车的两只车轮，小舟的两只船桨，都有着相辅相成的关系。比如放下对金钱的追逐，会收获精神的满足；放下虚伪的面具，就会赢得真诚的友谊；放下显赫的功名，会回归生命本质的平淡……放下，不是让我们愤世嫉俗或者远离红尘，而是要做一个聪明的人，懂得区分什么是生命中的必需品，什么是生命中的多余部分。把这些多余的部分剔除，才能让一个人追求自己想要的生活，不被一些烦心琐碎的事情所牵绊，也只有这样才能拥有一个成功而幸福的人生。

人的一生需要很多抉择，放下的过程其实就是我们在做生

活的选择题，只有把糟粕去除掉，留下真正重要和有价值的东西，那么你成功的概率才会增加，最终获得的也更多。放下自卑，会活得自信；放下抱怨，会活得舒坦；放下犹豫，会活得潇洒；放下狭隘，会活得自在。只有该放下时放下，你才能够腾出手来，抓住真正属于你的快乐和幸福。

人生一世，面对无限的诱惑，"放下"恰恰是我们在生活中很难做得到的。其实，放下与得到正是生活中的两面。得与失总是相辅相成的，正如一句谚语所说："上帝在关上你一扇门的时候，总会给你开一扇窗。"世界上许多人因为各种原因放下了他们本来拥有的，却得到了别人无法拥有的。

佛教我们放下才能解脱，也就是放下才能获得人生的另一番美景。在生活中我们也会屡屡用到"放下"这种智慧。如果你不放下原来的岗位，就不会得到新的工作平台；如果你不放下一段令你伤心欲绝的恋情，你就不会敞开心扉再次寻找真爱；如果你不放下每一次为了金钱而加班干活的机会，就会错过和家人一起享受温馨晚餐的时刻。

纵观人间世事，有得必有失，有失必有得，这是常理，可有些人总想不通这层道理，只要涉及个人利害得失之事，总少不了去争，去斗。殊不知，这种做法只会给人带来莫名其妙的烦恼，难以言状的痛苦，排解不了的忧愁。

28岁的小童通过相亲认识了一个很不错的男孩，由于两人互有好感，很快确立了情侣的关系。不过，最近小童却很烦恼。她总是跟男友为鸡毛蒜皮的事吵架，吵后两人就开始冷战，后来还是小童主动找男朋友，表示和解。小童很喜欢现在的男朋友，因此对他看管得很严。这天她上男朋友的QQ，想看男朋友的聊天记录，男朋友死活不让她看，还埋怨小童猜忌心重、一点都不信任他。小童承认是有点神经质了，因为他们刚在一起的时候，男朋友和前女友刚刚分手不久，所以她总觉得他们还藕断丝连。一想到这些，小童就更加不安，拼命搜索男朋友"作案"的蛛丝马迹。男朋友实在受不了她的24小时"监控"，两个人的关系越来越紧张。

　　小童回家向妈妈抱怨。妈妈劝小童："爱情就像手里的沙子，你攥的越紧就流得越快，当你把对方看得越紧，他就会离你越远。就像放风筝，手中的风筝线你拽得越紧它就越容易断，只有一松一紧才能把它放得更高更远，爱情就是这样，只有给它以空间和自由，才能持续得更长久。"

　　通过和妈妈这次贴心的交流，小童终于明白是自己抓得太紧了，反而招致男朋友的反感。最后，她主动向男朋友承认了错误，挽救了自己的爱情。最近，小童正在为自己的婚礼幸福地忙碌着。

　　可见，小童如果不及时懂得要适当放手的道理，很可能会把一段美好的爱情葬送在自己手里。正因为妈妈的及时劝导，小童放下了心里的猜忌，放下了自己内心的不安全感，从而收获了一份美好的爱情。

人生在世，有所得，必有所失。孟子深谙这个道理，因此他说："鱼，我所欲也；熊掌，亦我所欲也。二者不可得兼，舍鱼而取熊掌者也。"得失往往是相辅相成的，这正是福祸相依的道理。

适时退一步，放下是一种明智的妥协

退一步，能使你站得更高、看得更远；退一步，能使你更清醒地认识自己；退一步，能使你找回已失去的信心。

伟大的文学家雨果说过，世界上最宽阔的东西是海洋，比海洋更宽阔的是天空，比天空更宽阔的是人的胸怀。具有宽阔胸怀的人是懂得退让的，常言说得好：退一步海阔天空。如果能在是非中退让三分，将会收到怎样的自在辽阔，是平日里紧张竞争状态下的人们不曾思考过的。人生的舞台很大，如果我们一味拼命地向前冲，会错失生命中很多美好的东西。若能退下来平心静气思考一番，于人于事退让一步，再起步便会发现路更宽广。

只有退一步，你才能够看得更全面。我们照相的时候，都喜欢用广角镜头。如果要拍一幢尖顶的房子，你站在离房子半米的地方，只会拍到它的一扇窗；如果后退半米，可能就能拍到整座房子；如果你再退后一些，就会将房子的屋顶、蓝天白云、草地花朵尽收其中。换作我们的人生又何尝不是呢？退步其实是另一种进步，这种退步让我们看清自己的轨迹，了解自己的进程，调整方向，选择速度。能够以退为进是不争，老子说："夫唯不争，故天下莫能与之争。"其义是，因为不与人相争，所以天下没人能与他相争。

遇到矛盾时，不愿意吃亏，步步紧逼，认为忍让就是没了面子失了尊严，最终只能使得矛盾不断升级、不断激化。其实忍让并不是不要尊严，而是成熟、冷静、理智、心胸豁达的表现，一时退让可以换来别人的感激和尊重，避免矛盾的加深，岂不是皆大欢喜？社会就像一张网，错综复杂，我们难免与别人有误会或摩擦，学会尊重你不喜欢的人，那样才会少一份怨恨，多一份快乐，才会赢得更多的尊重。

明白了退一步海阔天空这个道理，如果我们遇事给自己五分钟，冷静地思考，一定可以拥有更开阔的心境，可以做出更加睿智的决择。如果我们能承认差异的客观存在，便会对彼此的差异有了更多的包容，你有你的思维方式，我有我的人生见地，若能互相学习，彼此宽容，就能一团和气。转换思维，用你的博大胸怀去包容万物，退一步你会体验到最美的风景。

凡事均有阴有阳、有圆有缺、有利有弊，更何况是千变万化的人生？在处理争端与矛盾之时，处世让一步为高。那些邻里纷争、亲友反目，静下心来仔细想想，会觉得有点可笑甚至荒谬。难道你愿意成为旁观者蜚短流长的主角？那么，各退一步，化干戈为玉帛，又何乐而不为呢？聪明的人，并不会一味地争强好胜，在必要的时候，他们宁愿后退一步，避其锋芒。这不仅能赢得旁观者的尊重，更能赢得对手的敬重。

我们的世界五彩缤纷，每个人都是一个独立的个体，任何人都不能将自己的思想、行为强加于人，而我们又必须在同一片天际下生活，人类要和谐共处就必须要学会宽容，如一尊袒腹而坐的大佛，展开胸襟，绽开笑脸，接纳万事万物，这时，心灵便会比大地更厚重，比天空更广阔。

退一步，能使你站得更高、看得更远；退一步，能使你更清醒地认识自己；退一步，能使你找回已失去的信心；退一步，能使你抛弃许多不必要的烦恼；退一步，能使你伺机而动，获取更大的进展。

得失不喜亦不忧，按自己的步调生活

我们不应因一时的失去而沮丧忧愁，前一次的失去也可能孕育了下一次的收获。

"不以得为喜，勿以失为忧"是一种高层次的境界，它讲求一种豁达淡然的心态，在得到时放下狂喜，在失去时放下忧愁。这个快速、便捷的消费时代，人们有各种各样的欲望，有精神上的，也有物质上的。有欲望是人之常情，无可厚非，人人都希望达到一种精神和物质上双重的满足。对待欲望应该有一个正确的态度，不能让欲望牵着我们的情绪走，得到了就欣喜若狂，没得到或失去了就忧伤愤恨。我们不应该因外物的丰富而骄傲和狂喜，也不应因为个人的失意潦倒而悲伤。

"不以得为喜"的"得"指的是你现在已经得到的东西，可能是金钱、房子和车子，也可能是职位、权力。在这个越来越以结果为导向的社会，个人的成就越来越与客观得到的东西直接挂钩。其实，这些"得"只不过代表一个人过去的价值，它的更重要的意义是一个人未来的起点。所以，不管你觉得自己是多么出色的技术大师也好，销售冠军也好，管理奇人也好，只有放下过去的成就与荣誉，才能保持淡然的心态，大步向未来迈进。

以辩证的角度看这个世界，你就会发现世界上没有纯粹意义上的"得"，更没有纯粹意义上的"失"。其实要理解得失两面，关键是时间维度，如果你将时间拉长，拉到人生长河的角度再来看某一节点人们的得与失，那时风光的人后面却有很多不如意，一时的"得"引发了后来的"失"，当时的"得"在以后看来却成了"失"，反之亦然。这就与中国的太极阴阳两面一样，阴就是阳，阳就是阴，实则为一体，一定要分开就会产生很多烦恼。因此,我们不应因一时的失去而沮丧忧愁,前一次的失去也可能孕育了下一次的收获。

战国时代,在长城外住了一位老翁。有一天,老翁家里养的一匹马无缘无故走失了。在塞外,马是负重的主要工具,所以,邻居都来安慰他,这位老翁却很不在乎地说:"这件事未必不是福气!"过了几个月,走失的那匹马居然带了一匹骏马回家,这真正是赚了,邻居都来庆贺。这位老翁却说:"这未必不是祸!"几个月后,老翁的儿子骑这匹马摔断了大腿骨,邻居们佩服老翁的料事如神之余也赶来慰问,而这位老翁却毫不在意地说:"这倒未必不是福!"事隔半年,敌人入侵,壮丁统统被征调当兵,战死沙场者十之八九,而老翁的儿子却因为摔断了一条腿免役而保住一命。

"塞翁失马"是一个我们小时候就耳熟能详的故事,故事中体现的"福祸相依"的智慧,体现了中国传统文化的精髓。"福祸相依"能让人采取一种透过长远时空权衡利弊的思考问题方式,在得失面前保持一种淡然的平常心。如果我们一直以"得为喜,失为忧"的心态对待问题,那么情绪就会被一些外物所牵引,忽视内心真正的声音。

斗子文,是楚国历史上著名的令尹之一,对楚国的强大和北上争霸,做出了突出的贡献。他每天天未破晓就上朝去等国王出来吩咐大事,天黑了才回家吃饭。国家有乱,人民贫困,他散尽家产来缓解灾难,因此更得人民信任。斗子文在楚成王八年任令尹后至楚成王二十五年让位子玉，长达27年之久。在这27年中，他曾"三仕""三已"。每次升了官，他并不因此高兴；几次因另作安排而免职，他毫不因此难过。年岁大了，他推举斗氏有才能的子玉当令尹，小心翼翼地把自己为政的经验教训，都告诉新令尹。

由于以上原因，当时的诸侯列国，都敬仰他。《春秋·鲁庄三十年》《春秋·鲁宣四年》都很详细地记载了这些事迹；《论语·公冶长》也反复歌颂了他的品德；儒家创始人孔子也赞誉他为"忠"。

从斗子文的故事中，我们可以看到他并没有因自己身居要职而欢喜，也没有因为被免职而失落，而是放下了毁誉荣辱的得与失。其实，这些得失看起来关乎一个人的毕生心力和追求，实则过眼云烟而已。在这个不停变化的世界中，我们的生活中充满了患得患失，得而失之与失而复得。我们的生命不过区区百年，在漫长的时光隧道里，只不过像昙花和朝露一样短暂，如果不能放下心中的得失荣辱，充分享受生命中的美好与感动，岂不是一件很愚蠢的事情？

不过，我们毕竟是有欲望、有追求的生命个体。面对这个多姿多彩、变化万千的缤纷世界，如何能真正做到放下得失，不以得为喜，不以失为忧呢？首先，我们要坚定自己的想法，做自己真正喜欢的事。不管你为学业拼搏、为事业奋斗，还是追求一个幸福美满的婚姻，只要全身心投入到自己喜欢的事情上，这种行为本身就能让你感到生活的快乐和生命的充实。做自己喜欢的事，会让你忘记一时的得失，因为追求本身能给你最大的快乐与满足。其次，不要在意别人的眼光，很多时候我们放不下，是因为始终在用别人的眼光来衡量自己。虽然每个人不能孤立地生存于这个世界，但我们要明确我们始终都是为自己而活。得之喜、失之忧，很大程度上是因为我们把外界的价值观强加于自己身上，比如成功后会因想到别人会羡慕自己而沾沾自喜，失败后会因怕别人笑话而久久不能解脱。其实只要能够认清楚自己所走的路，只要自己一直在努力，别人又有什么资格来评判？

生活像一条大河，时而宁静，时而疯狂，一切都可能因时空转变而发生变化。明白了这一点，我们就能把功名利禄全部抛在身外，做到荣辱毁誉不上心头。放下得失，才能用宁静平和的心境写出生命中洒脱飘逸的诗篇。

放下虚伪的面具，开创真实美好的人生

愿我们与人为善，做回真我，丢掉虚伪的包袱，用一颗自然真诚的心开创自己的生活天地，走向我们真实的、美丽的人生。

我们都说人生是一场戏，在这出漫长的戏里，你打算怎样演出？在这个人生大舞台中，有些人表现得很自然，因为他们是用心去演，展现自己最真实的一面，不虚伪，不做作，不装腔作势，不口是心非，他们用真心对待每一个人，因此换来他人的掌声与祝福。相反，也有些人完全将自己的角色戏剧化，在不同时间、不同地点、对不同的人有着不一样的表现，他们为了获取功名利禄，不得不带上虚伪的面具，在自己为自己设置的各种角色之中不断变换。为了不被别人发现真实的自己，他们活得很累，最可悲的是最后连真正的自己都找不到了。

在社会中行走，我们往往会戴一个虚伪的面具，让别人看不清我们的脸，也看不清我们的心灵。在这个面具的掩护之下，我们小心翼翼地走在人生的旅途之中，用尽心力地"扮演"着自己的角色，但是没有勇气摘掉面具，因为有太多的牵绊。

张楠研究生毕业后，凭借出色的设计才华，一路过关斩将，顺利地进入国内一家顶级的广告公司。本想在设计领域大展一番拳脚的她却并没有想象中的那么顺利。张楠设计出来的作品总是与众不同，创意充满了个性。同事们都认为很好的创意，总经理却总是看不上眼，他始终强调的一句话是，我们要满足客户的意愿。

由于张楠形象姣好，总经理为了发挥她的形象优势，总是找她陪客户吃饭,后来索性把她调过来,做经理助理。张楠内心是不愿意的,可是为了能得到总经理的好感,为了以后得到更多的话语权,张楠还是接受了。张楠想:"只要以后自己有地位了,就可以设计自己的作品了。"总经理对她说:"我要你做我的助理,不是为了别的,是为了要你知道客户到底需要什么东西。到时候你仍然可以做你的设计工作。"

为了应酬,张楠在酒桌上也要强迫自己向客户敬酒,这真是一件痛苦的事情,张楠最讨厌喝酒了,也不喜欢看见男人酒气冲天的模样,但她必须忍着。

张楠就这样整天忙忙碌碌的,不知道为了什么。在和客户接触的日子里,张楠终于了解到客户对作品的要求和品位。于是张楠向总经理提出要求,重新回到设计工作岗位上去。

张楠按照客户的意思设计出了一幅广告作品,她拿给同事们看,几乎每一个同事都摇摇头,以前对张楠那种欣赏的目光不见了,取而代之的是一种不屑。但是,总经理却告诉她,她的作品客户很满意。张楠失去了判断能力,只好求助于以前的大学教授,大学教授给了她四字批语:俗不可耐。这样的批语让张楠伤心不已,在大学的时候,这位教授经常称赞张楠的才气。

教授对她说:"张楠,你已经失去了真正的自己,难道你忘了我们在课堂上讨论什么是艺术的本质吗?艺术的本质是真实，尤其是心灵的真实，而你的作品却充满了虚伪。现在有两条路供你选择，一条是继续虚伪下去，另一条是做另外一个梵高。"张楠终于醒悟，向总经理递交了辞职书。那一刻，张楠感到从未有过的轻松和快乐。亡羊补牢，为时不晚。张楠的悔悟挽救了自己。

在张楠的故事中我们是否或多或少能看到自己的影子呢？虚伪的面具可能在某种意义上使自己得到了保护，可是，与失去自己相比，究竟哪个更得不偿失呢？在别人面前曲意逢迎、扭曲本心，会让自己越来越圆滑，变成一个连自己都觉得冷漠可怕的陌生人。放下虚伪，按照自己的步子走下去，开心与否，坚强与脆弱，都是真实的自己；放下虚伪，才会感知自己和别人的真心，获得你想要的幸福和快乐；放下虚装，才会认清自己，尽情挥洒自己的才华和梦想。风靡一时的韩国电视剧《我叫金三顺》里面有句话：去唱歌吧，就像没有人聆听一样；去跳舞吧，就像没有人欣赏一样；去爱吧，就像不曾受过伤一样。只有放下伪装，才能活得潇洒，做回真正的自己。

虚伪这东西，一旦陷入就很难脱身。人们之所以日复一日戴着一副假面具，或许是因为已经习惯了这种伪装。本来是一个率性的人，可是为了生活而掩饰自己，这是一种无可奈何的痛。

生活在这个现代社会里，为了保护自己不受伤害，我们或多或少都会为了自己的生活去伪装一下自己,这也是情有可原的。可是如果一味地带着厚重的防备,不免太过沉重。也许我们可以在某些时候暂时把自己的虚伪放下,让你的亲人和朋友看到真实的你,这样也可以使你自己得到暂时的休息。

愿我们与人为善,做回真我,丢掉虚伪的包袱,用一颗自然真诚的心开创自己的生活天地,走向真实的、美丽的人生。

第3章 别再纠结，给爱松绑，放下才幸福

每个人都渴望有一份平凡而美好的爱情，守着心爱的人度过一生。对于爱情，我们又有很多美好的幻想和憧憬，渴望有一生一世、亘古不变的爱，可是爱情的世界里有太多不稳定的因素，也有太多我们无法控制的变故。曾经的爱人可能一去不复返：她可能已经成为别人的新娘，他可能已经和别人牵手漫步于梧桐树下。你的爱人也可能曾经伤害过你。而你，也不必要在感情上苦苦折磨自己，不是你的爱人，就从心底放下，那是错爱。而对于曾经伤害你的爱人，为了自己的幸福，何必苦苦去追究？我们不要在爱的执著中迷失自我，放下是一种智慧，放下才能释怀！

放下过去的误会，主动澄清给彼此一个机会

男人就应该在心中放一块静心石，对于她的误会要放下，很多误会也就可以解开。

男人被认为是一种力量的象征。男人是丰富的，像大海一样包容万物；男人又是简单的，像蓝天中一只翱翔的鹰只为向更高处超越！

有人说，男人是潇洒豁达的，面对红尘滚滚，面对潇洒人间，面对人生百味，男人一笑而过！男人的高明之处，在于比女人更豁达，当女人还在为小事斤斤计较时，男人已经看淡一切，开始准备人生新的征程了。

在感情的世界里，男人应更显豁达。或许你被她误会，不要因此看不开，不要给心灵打结，沉沦和耿耿于怀只会使你迷失自己。误会是可以解开的，爱情依旧美好。

男人是坚强的，男人不能因为她的误会而萎靡不振，解开误会，还是一段美好的爱情，即使曲终人散，你依旧可以携琴潇洒离去！

夏天就是个拿得起放得下的男人。面对误会，他没有让误会成为他的遗憾，而是坦荡地面对，最终解决了难题，和心中的爱人有情人终成眷属。

刚来上海没多久，夏天便认识了怡。当时他怀着一腔抱负来到哥哥的公司，想在这个陌生的城市里闯出一片天地。不久，他便注意到对面公司里一个总挂着甜美笑容的女孩，她跟他差不多时间上班，和他一样也有看报纸的习惯，偶尔他们还会乘坐同一部电梯。遇到几次以后，他们算是认识了，见了面会用点头微笑打招呼。于是，他多了一种消磨时光的方式——去对面公司找她聊天。

她告诉他她叫怡，大学还没毕业，趁大四找了家公司实习。怡就像个小妹妹，人前人后总是笑眯眯的，很招人喜欢。作为过来人，他常会跟她说一些人情世故，如何与同事相处，如何讨老板欢心。有时他也会跟她聊聊家乡的小吃，经常馋得她直咽口水，而她会回报一些学校同学的糗事。那些洒满阳光的早晨，他俩的笑声点缀着安静的办公室。

从那以后，他们早上看报纸聊天，上班时发短信互相问候，他的日程表中也多了一项内容——下班送怡回家。工作不忙的时候，他们会去看电影、逛公园，偶尔怡也会到他的住处陪他看电影。两个月后，她成了他的女朋友。

怡比他小8岁，这个年龄差距不算小，但他觉得和她特别投缘，身边有她的时候，他可以忘掉生活中的烦心事，让她的笑

声占据他的一切。谁知道,因为这样的年龄差距,她的家人很反对他们交往,还把她关了起来,不许她出门。

他们找他谈过几次,让他放弃怡。最终是怡发来的短信坚定了他的信念。她说,无论家里怎样反对,她都会坚持。人们总说,经过磨难的爱情最经得起考验。从那以后,他们的感情也真的越来越好,他相信她就是他找寻一生的真爱。

毕业后,怡进了电视台,搬来和他住在一起。怡也不是没有缺点,可能是因为她在单亲家庭中长大,缺少爱护,所以"疑心病"很重,而且容易吃醋。到了月末,她会去查他的手机账单,研究上面的陌生号码;有时同事开玩笑地说给他介绍女朋友,她会认真地跑去找人家理论;如果看到他跟别的女孩子在一起,她的脸上立刻就会晴转阴。不过这些在他看来,都是她在乎他的表现。

怡有一个双胞胎妹妹澜,由于父母离异,姐妹俩从小没有生活在一起,感情也不见得好,但因为怡的缘故,夏天认识了澜。有一天,澜失恋了,在酒吧喝酒。她给姐夫打电话,他把妹妹送回了家。

当天早上,怡就知道了。从她的眼中,夏天看到了疑惑与不信任。是的,她认定他和澜背着她"有一腿"。对于敏感而又多疑的怡,他真的不知道该如何去解释,心中只有委屈。就这样,他好几天都没有见到怡。虽然她没有提分手,却让他像个等待宣判的犯人,忐忑不安。

这件事搞得邻里皆知，舆论的压力、父母的反对……她知道，他们完了。不出所料，几天之后，在两家人坐下来长谈之后，他们算是正式分手了。

和怡分手后，夏天感到一颗心被生生剜去了一半，整个人只剩下一副躯壳。于是，他不顾怡家人的反对，每天在怡的公司门口等她，雷打不动地陪她走到家门口，每天给她发短信……时间能见证一切，怡终于原谅了他。而此时，他也将心中的委屈毫无保留地告诉了她，最终两人重归于好。

本来他们是幸福的，他们冲破了家庭的反对走在一起，一场误会却差点让这对恋人不欢而散。面对她的误会，此时的夏天却不知道如何解释，心中的确有委屈。但他是个豁达的男人，放下了两人间的误解，并以自己的方式解开了误会。

男人就应该在心中放一块静心石，对于她的误会要放下，很多误会也就可以解开。就像夏天和怡一样，假如他没有豁达地放开误会，就只能让自己饱受爱情的折磨。

男人何必在乎那么多，只要你是爱她的，放下她对你的误会，主动求和；潇洒地面对误会，并将误会解除，她也会因为有这样的爱人而更加珍惜这段感情。

选择原谅，感情需要随缘

这世界上伤人最深的就是情感上尤其是爱情上的伤害，有时候它就像是个被烫伤的疤，即使使用最好的治疗方式治愈了伤疤，可是被烫一瞬间的痛总是让人刻骨铭心，无法释怀。

在感情的世界里，或许你受过伤，或许你到现在还大伤未愈。有一剂药方可以治你的伤，那就是：放下伤害，原谅伤害你的人。人生原本短暂，为何要为那些过去的情愁别恨而纠结烦恼呢？为何要让自己的心始终纠缠着那些早已逝去的悲伤呢？原谅伤害你的人，放飞自己的心，让那些痛苦的伤害随风而去吧！

原谅伤害过你的人，不仅仅是为了别人，也是为了自己的心安，为了自己能够快乐地过好每一天。坦荡的人生，会平静地面对伤害，并在伤害中成长；只有输不起的人，才会停在原地，蹉跎不前，不断地抱怨。接受伤害，原谅伤害，你才会真正放开，才会获得快乐！对伤害释怀，我们才能面朝大海，春暖花开！

这世界上伤人最深的就是情感上尤其是爱情上的伤害，有时候它就像是个被烫伤的疤，即使使用最好的治疗方式治愈了伤疤，可是被烫一瞬间的痛总是让人刻骨铭心，无法释怀。而那个伤害你的人就是让你烫伤的罪魁祸首，你恨不得一辈子诅咒他，可是，你想过没有，恨了又能怎样？你会快乐吗？只有尝试着宽容，尝试着放下，你才会真正快乐起来，才会正视那段伤害！

她和男朋友非常相爱，在一起一年多后，为了实现父母的心愿，她离开了自己居住的城市去外地读书。三年的时间里，两人一直都有联络，她一直对两人的未来充满信心。为了这份等了三年的爱情，她下定决心放弃眼前的所有回去和他一起生活。就在做决定的那天，她遇到了他的朋友，她突然听说他一年前已经结婚了，当时她都懵了。她一点都不相信，后来她和他通过网络聊天，她就当做不知道，告诉他她即将毕业，要回去和他在一起了。他却不希望她回来，他说外面的世界发展潜力大，既然耕耘了就要有一分收获，回来不一定可以幸福；他说相爱不一定要有结果，如果没有结果就不会有尽头；他说没有答应她什么，也没有承诺过什么。而且他始终都没有说出自己已经结婚了。她听完很生气，也觉得很可笑。

她有种想要报复的感觉，可是站在他老婆的角度考虑，她又不希望伤害他的家庭，因为如果经她这么一闹，他们以后的生活一定会有阴影存在，这是一辈子的事情。她是个善良的女孩，她不希望伤害他人。

可是，她实在没办法接受他的所作所为。她理智地想一想，就这样算了吧，毕竟是自己爱过的人，即使闹了又怎么样，恨了又怎么样？还不如潇洒地放下，让他幸福吧。

就在她和他分手后不久,她考上了上海一所大学的研究生。在读研期间,她遇到了自己的真命天子,毕业以后,两人顺利地步入了婚姻的殿堂。当她对丈夫谈起这段恋情的时候,丈夫对她的豁达和宽容赞叹不已。

她是个明智的人,面对他三年多的欺骗,她没有大吵大闹,没有去纠缠不清,而是原谅了他,并大方地祝他幸福。这就是真正的宽容。的确,恨有何用?她应该庆幸,她只是被伤害了三年,而不是更久的时间,放下对他的恨,她可以活得更好!

不管他是因为何种理由而伤害了你,你都应该宽容以对,而不应该耿耿于怀。宽容了伤害你的人,也就是宽容了你自己。学会放下,你才会真正快乐,你的心才会平静下来,才能从容地享受人生!

凡事随缘,感情不能强求

有人说,对的时间遇见对的人,是一生幸福;对的时间遇见错的人,是一场心伤;错的时间遇见错的人,是一段荒唐;错的时间遇见对的人,是一生叹息。

"于千万人中遇见你所要遇见的人,于千万年之中,时间的无涯的荒野里，没有早一步，也没有晚一步，刚巧赶上了，那时也没有别的话，唯有轻轻地问一声：'噢，你也在这里吗？'"张爱玲的这句经典名言感动了很多人。缘分在冥冥中似乎早已注定，红线被月老牵过，两颗星星会在夜空中相遇和碰撞，故事就此开始演绎。俗话说得好，一个萝卜一个坑，你最终会掉进哪个"坑"里，真正属于你的另一半会"不请自来"，缘分不能勉强。

三毛说："男人是泥，女人是水，泥多了，水浊；水多了，泥稀；不多不少，捏成两个泥人——好一对神仙眷侣。这一类，因为难得一见，老天爷总想先收回一个，拿到掌心去看看，看神仙到底是什么样子。"也许人生本就不完美，好不容易找到一份美妙的爱情，还是会被现实世界轻易打碎。这也提醒我们，珍惜身边的缘，珍爱身边的人，别等失去了才后悔莫及。

爱情的世界里有太多无法解释的因素，但爱情不是一句空话，爱情也是现实的，不要为了不切实际的爱沉浸在幻想里，伤了自己，毁了生活。强爱上的就是一个以他的条件无法企及的"飞鸟"。

因为玩网络游戏，强结识了不少朋友，其中和一个异性朋友的邂逅给他留下很深的印象。她是一家外企公司的主管，也喜欢玩各种各样的游戏，而且童心未泯、甜美可爱。她已经28岁，而强只是个20岁的社会无业青年。渐渐地，强对她产生了好感,她的影子总是萦绕在强的周围。他为她付出了很多很多。终于有一天他含蓄地向她表白,可她一味遮掩、逃避。第二天,他和她聊了一晚,终于向她求爱了。她是一位28岁的白领,不像青春女孩那样热情。而强才20岁,还没有正式的工作,也许这就注定了强的失败。她没有直接拒绝强,而是说了一句:"我们做朋友更好,不是吗?"

"嗯",强笑着回答,可是这个字如千斤巨石碾压着他,他的心碎了。

世界上最远的距离,是鱼与飞鸟的距离,一个在天,一个却深潜海底。强决定离开,临行时他看了她最后一眼。他要把这个自己曾经付出很多的女孩永远忘记。

强是理智的,当他被这个白领女孩拒绝后,他没有继续纠缠,因为他明白,他们之间的距离就好比飞鸟和鱼。他们不适合,他们之间只是在游戏上可以做个知己,而爱情当然不是游戏,爱情需要共同语言,也是现实的。

有人说,对的时间遇见对的人,是一生幸福;对的时间遇见错的人,是一场心伤;错的时间遇见错的人,是一段荒唐;错的时间遇见对的人,是一生叹息。如果不懂得珍惜,没有把握住对的人,即使你爱的人再度出现,或许她已经不是那个对的人,你们只能叹息有缘无分。

玫是他的高中同学,那时玫同情他贫困的家境但倾慕他的才气。每次去食堂打饭,玫都买两份菜,然后回到教室,谎称胃口不好，把大部分菜倒入他的碗中。课余之时，他们常一起复习功课，背诵历史习题和英语单词。

一切本应顺理成章，但玫小心眼，每次别的女同学向他请教习题，他耐心讲解时，玫都异常气愤，认为他对别人有情意。于是，玫醋性大发，扬言要"报复"他，并与学校外一名男子谈起恋爱。他伤心不已，认为玫是那种水性杨花的人，从此与她断绝了来往。虽然玫之后多次哭着让他原谅她，任性而自负的他却没有答应，但他心里却一直记着玫。

和玫在一起的日子里，她曾给他带来太多的欢乐，也正是在玫的帮助和照料下，他才得以在黑色七月里一路"过关斩将"，顺利地跨进了大学的门槛。而玫却因分散了太多的精力，名落孙山，回到了家乡。

大学毕业以后，他顺利进入了一家公司，多年对玫的牵挂让他鼓起勇气给玫写了一封信。

日子如往常一样在平平淡淡中度过。信寄走后的第二个星期六，他正在宿舍和同事们说话，一个同事进屋对他说："外面有一个女孩找你。"

他来到外面一看，竟是玫！他做梦也没想到。玫和在高中读书时一样，剪着齐耳的短发，穿一件洁白的裙子，肩上背着一个黑色的皮包。

接下来的几天，玫一直都陪在他的身边，有说有笑，询问他原先的大学生活和现在的工作情况，向他倾诉着她这几年来的经历，只是涉及感情方面时，玫都避而不谈。

5天过后，玫要回去了。当他们一起散步时，他向她求了婚，可是玫却摇了摇头，说："谢谢你。这几年来，由于一直没有你的消息，我妈已在今年上半年让我和一个做生意的人办理了结婚登记手续，下个星期就举办婚礼，我们已经没有机会了。"

他一下子瘫了下去，原来他在错的时间遇见了对的人，那个他一直等待的人已经不属于自己，两人就这样错过了。

玫真的走了，可是他却一直沉浸在他们的往事中不能自拔，他很后悔当初的选择和骄傲，失去了自己的爱人。

其实，爱情就是这样，错过了就不会再拥有。就算你苦苦盼来了这趟姗姗来迟的爱情班车，你依然不会是上面的乘客。既然有缘无分，又何必去苦苦怀恋，让自己为往事饱受折磨呢？感情不是自己说了算的，要靠缘分，而缘分是不能勉强的，真正的缘分是注定的。放下勉强得来的爱情，你才能释怀，你才能找到真正属于自己的另一半！

放下纠结，忘却曾经的伤痛

步入婚姻殿堂不容易，不要因为他的一个错毁了曾经的幸福，放下纠结，原谅他你们可以更好地生活。

有人说，人心如同一个杯子，杯里的水就是人的心事，水太多了，就会溢出。所以，适当的时候我们要倒掉一些才行。心情也是一样，负荷太重了，会使我们心情沉重，呼吸困难。而在婚姻生活中，人人都会犯错，如果把爱人的错误压在心底，就会造成心灵负荷，心灵被痛苦和不安所占据，难以获得快乐。宽容大度地原谅他，你们就可以重新来过，可以更好地生活。

你们曾那么相爱：你还记得雨天那浪漫的漫步吗？你还记得你们一起吃"烤红薯"的情景吗？你还记得你们以前艰难日子中相濡以沫的点点滴滴吗？既然你们还真心相爱，何必为了对方的一个错误而放弃这段来之不易的感情呢？

生气或吵架只是激化你们感情矛盾的催化剂，理智一点，别再为爱人的错误而耿耿于怀，宽容地原谅他，给他一个改过自新的机会，日后他会感激你的豁达和大度，你们的生活还能幸福依旧。

为了丈夫出轨的事，青一直不知道该怎么办。

那天下班回来一打开电脑，青看到有个陌生QQ号登录过，她就问老公，今天家里来客人了？他说没有，她就纳闷地问，没有人来家里，怎么会有人在我们家里登录QQ？他若无其事地说那QQ是他的，她很奇怪，他的QQ不是这个号啊，头像也不对（头像是一个女生的生活照），她问了他几次，他都说是他的。后来，青说："是你的，那你就现在登录给我看！"他一下子无语了，就搪塞说那是他同事的。青一下子火冒三丈，QQ是谁的不重要，她气的是丈夫一直骗她，把她当傻瓜耍。而且他骗她不是一两次，还有一次他出去，她打电话问他在哪里，他先是跟她说在家，再问的时候又说在公司宿舍找同事玩，后来说他在车上。

她不知道他哪句话是真的哪句话是假的，她平时没有限制他出去或是其他活动，干吗不能实话实说？两个人在一起就应该坦坦荡荡，不应该互相欺骗。后来得到证实，他真的出轨了。丈夫痛心疾首地请求青的原谅，并保证以后不会再做对不起青的事儿。

青的内心特别纠结："我该怎么办？我该不该原谅他？我不知道现在的他还可不可以相信。离婚吧，可是还有孩子，孩子怎么办？而且，他对我还是很好。可是原谅他，我心里过不去这个坎儿。"

其实，青大可以放下丈夫的过错，给他一个机会，如果他真的可以改过自新，全家人还是可以开开心心地生活。给犯错的人一个弥补的机会，别一棍子打死。如果他不能痛改前非，青还有再次选择的权力。为了生活得更好，青应该原谅他，自己也可以如释重负，被这种矛盾的心情纠结着，只会让自己不快乐。

这个世界上没有真正的完人，谁都有缺点，谁都会犯错。面对花花世界的各种诱惑，我们难免会一时意志不坚定，难以抗拒。但是，知错能改，善莫大焉。给别人机会，也是给自己机会。步入婚姻殿堂不容易，不要因为他的一个错就毁了现在的幸福，原谅他你们可以更好地生活。

婚姻生活中并不全是幸福和快乐，矛盾和错误避免不了。爱人的错误就如同眼中的一粒沙，假如你使劲地揉眼睛，眼睛就会越来越难受；如果你只是轻轻地一吹，它就可以从你的眼中飞走。

原谅他，放下误解、偏执和纠结，让那些不愉快，那些情感世界的伤痛成为过去，给它画上一个句号，明天的生活会更美好。

放下斤斤计较，爱情需要珍惜

婚姻是建立在美好爱情的基础上，可是婚姻的维持仅仅只有爱情是不够的，婚姻需要包容，需要夫妻双方的理解。

每个人都希望自己有一个完美的恋人、美满的婚姻，可是这个世界上根本就不存在完美，婚姻和爱情也一样。恋人小小的缺点毕竟瑕不掩瑜，婚姻就是柴米油盐过日子，又何必处处计较呢？

或许他没有钱，但他对你百般呵护；或许她并不美丽，但她的性格绝对适合做个好妻子,日后会成为你事业坚强的后盾。十全十美的爱人根本就不存在,那么你还有什么不满意的呢?计较太多,瞻前顾后,幸福就会与你擦肩而过。

有这么一对情侣,男孩叫张宁,女孩叫涓涓。涓涓很漂亮,非常善解人意,偶尔时不时出些坏点子耍耍张宁。张宁很聪明,也很懂事,最主要的一点是,他幽默感很强,总能在两人相处时找到可以逗涓涓开心的方法。涓涓很喜欢张宁这种乐天派,他们一直相处不错。

张宁对涓涓用情很深,非常在乎她。每当吵架的时候,他都让着涓涓,主动承认错误。就这样过了5年,终于到了结婚的年龄。张宁向涓涓求婚了,可是涓涓的家人不答应,因为他家很穷。涓涓很孝顺,她不敢违背家里的意愿,对于男友的求婚,她也迟迟没有答应。

有一个周末,涓涓出门办事,张宁本来打算去找她,但是一听说她有事,就打消了这个念头。他在家里待了一天,没有联系涓涓,他觉得涓涓一直在忙,自己不好去打扰她。

整整一天没有接到张宁的消息,涓涓很生气。晚上回家后,她发了条信息给张宁,话说得很重,甚至提到了分手。当时是晚上12点。

张宁心急如焚,不停地打涓涓的手机,连续打了3次,都被挂断了。他继续拨打涓涓家里的电话,却一直没人接。张宁猜想是涓涓把电话线拔了。张宁抓起衣服就出了门,他要去涓涓家。当时是12点25分。女孩在12点40分的时候又接到了张宁的电话,从手机打来的,她又挂断了,一夜无话。他没有再给她打电话。

第二天,涓涓接到张宁母亲的电话,电话那边声泪俱下。张宁昨晚出了车祸。警方说是车速过快导致刹车不及,撞到了一辆坏在半路的大货车。救护车到的时候,人已经不行了。

涓涓心痛到哭不出来,可是再后悔也没有用了。她只能从点滴的回忆中来怀念男友带给她的欢乐和幸福。她强忍悲痛来到了事故停车场,她想看看他最后待过的地方。车已经撞得完全不成样子,方向盘、仪表盘上,还沾有他的血迹。

张宁的母亲把他的遗物给了涓涓,钱包、手表、戒指,还有那部沾满了张宁鲜血的手机。她翻开钱包,里面有她的照片,血渍浸透了大半张。当涓涓拿起他的手表的时候,赫然发现,手表的指针停在12点35分附近。

涓涓瞬间明白了,张宁在出事后还用最后一丝力气给她打电话,而她自己却因为还在赌气没有接。张宁再也没有力气去拨第2遍了,他带着对她的无限眷恋和内疚走了。可是涓涓也因此留下了一辈子的遗憾。

这是一个很感人的故事,张宁和涓涓彼此相爱,但涓涓太顾及家里人的想法,迟迟没有答应张宁的求婚。当男友死去的时候,她才发现自己在他心中是多么重要,他是多么爱她。而她自己也失去了倾心相爱的恋人,心中留下的是永远抹不去的悔恨和伤痛。

其实，两个人若是真心相爱，又何必计较太多？

婚姻是建立在美好爱情的基础上的，可是婚姻的维持仅仅只有爱情是不够的，婚姻需要包容，需要夫妻双方的理解。只有完全地包容对方的缺点、过失、历史，放下斤斤计较，才能拥有幸福美满的婚姻。

小胡的妻子小夏是带着孩子嫁给他的，而他却能视如己出地对待孩子。对于妻子，他也宽容大度地接纳了她的过去。

小胡是一家医院的检验员，工作很好，按说，他应该能找到一个优秀的对象，可是他是个内向的男孩，身边有很多女孩，却没有人能走进他的心。

有一次，小夏来医院准备打掉孩子，因为她和丈夫刚刚离婚，她不想以后拖着个孩子过。在医院，她碰巧遇到小胡，两人一见如故，因为当日医院妇产科排队的人太多，她不得不以后再去。小夏被眼前高大帅气又善解人意的男孩吸引了。两人互相留了电话。

在后来的几天里，小胡以短信的方式安慰小夏，让她不要打掉孩子。就这样，你来我往，小夏和小胡坠入了爱河。小胡对外称孩子就是他的，虽然家里人知道，也表示了反对，但他还是顶着压力和小夏结婚了。

这是令人羡慕的一对，小胡的举动也为相爱的人们做出了表率。既然相爱，他就不会在乎她的那段历史，更难得的是他还接受了她的孩子，接受了她的一切。

真正的爱情是不会为外在的一些原因所左右的，两个相爱的人也不必在乎外在因素。真诚相爱本就已经难能可贵了，我们又何必对其他琐事斤斤计较？

放下曾经的伤痛，宽容你的爱人

有的人选择为爱情而结婚，有的人选择为结婚而放弃爱情。爱情和婚姻的世界都有着背叛和抛弃，因为每个人对爱情和婚姻的选择不一样，理解也不一样。

人的一生风雨几十年，情感支撑着我们在风雨飘摇的世界里勇敢前行，亲情、爱情和友情温暖着我们的人生。对于爱情，每个人的体会都不一样。有人说，爱情像天空的颜色，永远是那么的清澈，那是因为他的爱情很美好；有人说，爱情好比老槐树般可靠，那是因为他的爱情坚固而浪漫；而有人说，爱情就是一杯毒药，让人无法自拔，那是因为他在爱情里沉沦，泥足深陷；还有人说，爱情是一把匕首，那是因为他被爱情伤得很深……爱情不像电脑中的程序可以被删除，它永远留在了人的记忆中。

有的人选择为爱情而结婚，有的人选择为结婚而放弃爱情。爱情和婚姻的世界都有着背叛和抛弃，因为每个人对爱情和婚姻的选择不一样，理解也不一样。

面对爱情和婚姻中的失败和背叛，我们要学会放下，懂得宽容。挽留和纠缠是徒劳的，你要明白，是你的，永远是你的，你就应该好好珍惜；不是你的，强求也强求不来。

放下那个不属于你的人，你才会快乐；放下那段不该有的感情，你才能解脱。宽容那个背叛你的人，你才能成就大度，不在感情的世界里迷失自己，不让自己一味地陷在爱情的泥潭中不能自拔。

如果你不懂得宽容，不懂得放下，受伤害的永远只有你自己！

他是个搞设计的工程师，她是中学毕业班的班主任老师，两人都错过了恋爱的最佳季节，后来经人介绍而相识。没有惊天动地的过程，平平淡淡地相处，自然而然地结婚。

婚后第三天，他就跑到单位加班，为了赶设计，他甚至可以彻夜拼命，连续几天几夜不回家。她忙于毕业班的管理，经常晚归。为了各自的事业，他们就像两个陀螺，在各自的轨道上高速旋转着。

送走了毕业班，清闲了的她开始重新审视自己的生活，审视自己的婚姻。她开始迷茫，不知道自己在他心里有多重要，她似乎不记得他说过爱。她是个浪漫的女人，她觉得自己经历的是一段根本不想要的婚姻，没有丝毫的波澜，于是，她拿出了离婚协议书,他什么都没说,签了字。

后来她在张家界旅游的时候认识了一个艺术家,不久他们就结婚了。

而就在她结婚后的第二天,她得知前夫出国的消息。她收到一封信,上面有这样几行字:"很多时候,爱是埋在心底的,尤其是婚姻进行中的爱,平平淡淡,说不出来,但是真实存在。自从和你结婚以来,你就是我的全部,只是我不喜欢说出来,你可以不爱我,但我不想你嫁给别人!"

故事中的前夫不敢正视妻子和自己离婚的原因,却又始终对妻子心心所念,割舍不下。当妻子和别人结婚的时候,他陷入了痛苦中,最后只能远走他乡,以此来麻痹自己。

面对婚姻中的一些问题,比如婚外恋,我们又应该如何面对呢?忘记那段历史,宽恕你的爱人,不要耿耿于怀,这也许是最明智的选择。既然爱对方,就不要计较太多,宽容地原谅和接纳,两个人才能幸福。

的确,在当今社会中离婚和出轨现象越来越多,面对这种情况,大多数的人选择大吵大闹或纠缠不清。而明智的人选择的是宽容与饶恕!

有个女人在她丈夫死后,写了这样的忏悔录:我曾经与张同深深相爱,但是我的母亲让我嫁给王志,他是一个教师。我不同意,但是面对家庭我别无选择。与他结婚后,我一直不爱他,但是他很爱我疼我。随着女儿的降生,我的心扑在了女儿身上，他十分疼爱我的女儿。我曾要求离婚，他说等学校分了房子之后。后来我们分居了，他在学校我在家中。有一次，他在上楼时摔了下来，到医院检查，他已是癌症晚期！原来，他早已知道只是不告诉我。在医院，我遇到了我曾经的爱人张同，丈夫看见我后，便对他说："你们出去聊聊！"我与张同走到外面，他对我说："当年我听说你结婚后很伤心，在王志回家的路上拦住他给了他一刀，王志面对我说'我虽对你有夺妻之恨，但是却对你有养女之恩！'我听后把他送到医院，陪了他几天，他好后我对他说，只要他活着我就再也不见你！"原来他早已从原来的同学照中看出女儿不是他的，但是他对孩子还是那样好，胜过亲生的女儿。

故事中的丈夫明明知道妻子背叛了他，可还是无悔地爱着她；明明知道女儿不是亲生的，但是他依旧视如己出。他是个宽容的男人，他的爱早已胜过了爱情。

也许对于一个男人来说，妻子背叛自己，自己的女儿也不是自己亲生，这样的念头会让他怒火中烧，痛不欲生。可是，一味地计较和指责带给自己的只有伤痛和折磨。而用宽广的胸襟去原谅和接纳，却会使自己的世界春暖花开。

宽恕你曾经爱过也恨过的人，宽恕他的背叛，同时也宽恕你自己。现在让你痛不欲生的伤痕，在时间的治疗下也会慢慢变淡。若干年后，当你已经老态龙钟，穿着一身宽松的衣服，坐在躺椅上凝视漫天晚霞的时候，心中再泛起这段往事，有的只是一种淡淡的忧伤和甜蜜。

　　生命如流水一样清澈，像温暖的大地一般宽厚。做到宽容，放下情执，那种热烈而清澈，宽厚而自由的生命，不正是我们所应拥有的吗？

第4章 放下不如意,再难的日子里也要翩翩起舞

人有七情六欲,情绪也随之变化万千。生活中有很多令我们产生坏情绪的源泉,你会因气馁而自暴自弃,你会因一气之下做出不理智的举动而让自己悔恨不已,你会因为长期的忧郁让心灵蒙上阴影,怨天尤人的你止步不前,突破不了自己。就如哲人所说,人之所以烦恼,是因为不懂得如何放下。我们只有放下这些坏情绪的干扰,积极面对生活中的不如意,才能让人生呈现更多快乐和美好的画面。

人活于世，不必事事太较真

面对生活中令你不如意的事，多从另外一个角度考虑问题，就能让自己心平气和地面对，就不会因为较真而把事情扩大化。

处于复杂的社会中，难免会有麻烦事来打扰你，令你伤神。那些善待自己的人，凡事用一颗宽容的心来对待，而不是斤斤计较，争个谁是谁非。

正所谓，"水至清则无鱼，人至察则无徒"做人不能太较真儿，即使你最终赢得了眼前的"争斗"，你也输了，你失去的更多，你获得的顶多是个"口服"，而不是"心服"。

生活中的很多事都需要我们一笑了之。你完全没有必要与原本与你无仇无怨的人瞪着眼睛较劲。假如较起真儿来，事态严重了的话，万一酿出个什么严重的后果，那就太不值得了。很多事情之所以产生严重的后果，一发不可收拾，就是因为逞一时之勇，爱较真儿。触犯你的人不可能无缘无故触犯你，假如我们能设身处地地从别人的角度考虑问题，那么很多矛盾就不会产生了。

老王总是抱怨他们家附近超市的售货员态度不好，像谁欠了她巨款似的。后来他的妻子打听到了女售货员的身世：她丈夫有外遇和她离了婚，老母瘫痪在床，上小学的女儿患哮喘病。她每月只能赚四五百元，一家人住在一间15平方米的平房里。难怪她一天到晚愁眉不展。老王从此再不计较她的态度了，甚至还建议街坊邻居都帮她一把，为她做些力所能及的事。后来这个售货员的家境在街坊的帮忙下改善一些后，总是笑脸迎人。这就达到了"双赢"效果。

在公共场所遇到不顺心的事，实在不值得过度较真儿、生气。假如你能放下这种较真儿的坏脾气，对方也会被你的大度折服。同样，在家庭生活中，只要你放下自己的坏情绪，凡事别太较真儿，细心听他（她）的唠叨，你会发现他（她）真的很辛苦。生活中的很多矛盾也就"化干戈为玉帛"了。有这样一个经典的吵架案例：

一对年轻夫妻中的太太哭着跟朋友说："你快来！我恨他！我要和他离婚！"当她的朋友快速赶到他们家时，他们吵得正厉害。

丈夫说："她很无聊，我上班好累，她说晚上要去散步，我说改天，她就又哭又闹，真是讨厌！"

妻子说："你才讨厌，我在家作牛作马为这个家打扫，为你做饭，为你生孩子，我只要求散步，你就会累死啦？"

妻子说:"哼!早知道生了小孩你不管,我根本就不生,我们女人为何辛苦生下孩子,就一定要负责孩子的一切,又不能出去工作。"

丈夫说:"喂!生孩子又不是你一个人能办到,没有我你生什么。"

妻子说:"哼!你有何贡献?"

丈夫说:"哼!没有我的贡献你生什么?"

妻子说:"哈哈!你贡献了,那看看我们女人的贡献:我怀孕要忍耐呕吐,我要小心饮食,我连生病都不敢吃药,我要为肚里孩子注意一切,我怀孕行动不便,我不能远行郊游,我要穿上大肚装,我要担心肚里孩子是否健康,我要定时去医院检查,我怀孕要破坏身材,我要烦恼妊娠纹的出现,生产后要努力恢复身材使丈夫不嫌弃,我要忍受疼痛……"

他沉默了。

这场架吵完了,想一想,好像事实真是如此。他什么都没说,只是将妻子抱了抱,对她说:"对不起,我没有考虑到你的感受,我会加倍爱你。"

他是个大度的男人,听了妻子的话,他发现自己妻子真的很辛苦。而他以前忽略了这一点,所以,当妻子对他发了一连串的"攻击"以后,他没有较真儿,而是选择了沉默和一个歉意的拥抱。

面对生活中的令你不如意的事,多从另外一个角度考虑问题，就能让自己心平气和地面对，就不会较真儿地把事情扩大化。不较真、能容人的人，都是懂得放下的人。对某些问题太过执着，斤斤计较，受伤的只能是自己。

做人能从对方的角度设身处地地考虑和处理问题，多一些体谅和理解，那么我们的生活中就会多一些友谊，少一些敌人。你的人生之路也会越走越宽广！

一旦抱怨，你就很难触摸到幸福

一味抱怨不能解决问题，只会让你在困难中丧失斗志。

在现实生活中，我们看见很多人都在抱怨，抱怨命运的不公，抱怨出身的寒微，抱怨人际关系难处，抱怨自己赚钱少，怨天怨地、怨社会，如果遇到不如意的事情都抱怨的话，那我们会整日活在一片怨声之中。爱抱怨是影响情绪的通病之一，习惯抱怨而不谋求改变，这不是聪明人的做法。人活于世，挫折、失败不可避免，抱怨只会磨灭你的斗志，让你在困难面前驻足。所以，我们要放下抱怨，积极地直面人生，迎接挑战和困难，这样你的人生才会绚丽多彩。

一个背负着货物到远方去交易的人只有当他赚了大把大把的钱回来的时候，人们才会羡慕他的成功；而当他人在旅途负重前行，艰难跋涉甚至苦难重重的时候，抱怨有什么用？抱怨除了招来别人的轻蔑，并不能换来人们对他的尊重。

春秋战国时期的苏秦，满怀梦想和一腔热血，数次游说天下，以实现自己的雄心壮志，虽历经数年，却以无情的失败而宣告结束。当他回到家中得到的却不是安慰，而是兄嫂、弟妹，甚至是妻子的嘲讽。然而，他并没有抱怨这一切，而是头悬梁，锥刺骨地日夜苦读，心中终有所悟。再次游说天下，终挂六国相印，位尊王侯，富甲天下，大家都对他另眼相看。

人生谁不曾有困难，谁在人生路上都不会一帆风顺，抱怨有什么用？不要让抱怨的情绪影响你的斗志，把它放在身后，你才能大步向前。

你有勇气迎接1849次拒绝吗？你经历过1849次拒绝吗？如果没有，就不要抱怨：好运为何不在我身上降落！

在美国，一位穷困潦倒的年轻人，即使身上全部的钱加起来都不够买一件像样的西服的时候，仍全心全意地坚持着心中的梦想。他想做演员，拍电影，当明星。当时，好莱坞有500家电影公司，他根据自己的路线与排列好的名单顺序，带着自己写好的剧本前去一一拜访。但第一遍下来，500家电影公司没有一家愿意聘用他。

在第二轮的拜访中，他仍遭到了500次的拒绝。第三轮的拜访结束的结果仍与第二次相同。这位年轻人咬牙开始他的第四次行动。当他拜访完第349家后，第350家电影公司的老板破天荒地答应他留下剧本先看一看。几天后，年轻人获得通知，请他前去详细商谈。在这次商谈中，这家公司决定投资开拍这部电影，并请这位年轻人担任男主角。这部电影名叫《洛奇》。这位年轻人叫席维斯·史泰龙。翻开任何一部电影史，这部叫《洛奇》的电影与这个日后红遍全世界的巨星都榜上有名。

"结局好一切都好！"这是西班牙作者葛拉西安在他的《智慧书》中，给我们留下的一句耐人寻味的话。史泰龙的成功告诉我们，人生的路途谁也无法预料，当我们追求梦想的时候，困难会像冰雹一样砸向我们，我们不能避免困难，可是我们能有一颗安然的心，不去抱怨，而是保持顽强的斗志。当战胜困难，站在成功的舞台上时，你会有一种酣畅淋漓的快感。

生命之所以伟大，就在于对命运的不断挑战，"不抱怨"是一把钥匙，在人生迷茫的时候，借助这把钥匙，我们能把勇气延伸到奋斗中的方方面面。

1832年的美国，有一个人和大家一同失业了。他很伤心，但他下决心改行从政。他参加州议员竞选，结果竞选失败了。他着手开办自己的企业，可是，不到一年，这家企业倒闭了。此后几年里，他不得不为偿还债务而到处奔波。

他再次竞选州议员，这一次他当选了，他内心升起一丝希望，认定生活有了转机。1851年，他与一位美丽的姑娘订婚。没料到，离结婚日期还有几个月的时候，未婚妻不幸去世，他心灰意冷，数月卧床不起。第二年，他决定竞选美国国会议员，结果仍然名落孙山。但他没有抱怨，而是问自己："失败了，接下去该怎么做才能获得成功？"1856年，他再度竞选国会议员，他认为自己争取作为国会议员的表现是出色的，相信选民会选举他，但他还是落选了。为了挣回竞选中花销的一大笔钱，他向州政府申请担任本州的土地官员。州政府退回了他的申请报告，上面的批文是：本州的土地官员要求具有卓越的才能，超常的智慧。

在他一生经历的11次重大事件中，只成功了2次，其他都是以失败告终，可他始终没有停止追求。1860年，他终于当选为美国总统。他就是至今仍让美国人深深怀念的亚伯拉罕·林肯。

一味抱怨不能解决问题，只会让你在困难中丧失斗志。林肯面对一次次的失败，他一次次地站起来，没有一丝对命运的抱怨，没有一丝想要放弃的意念，最终他获得了渴望的成功。

不抱怨是一种力量，它能改变你的处境。不抱怨还能让你在困难和逆境中保持一份良好的心情，感受别样的快乐。一个人的快乐，不是因为他拥有的多，而是因为他计较的少。放开你的眼界，放开你的心，当抱怨远离你时，人生的幸福感才会离你越来越近。

放下悲伤，选择快乐

"放下"是一种人生的智慧，悲伤也是可以放下的，我们要学会及时清洗自己的心灵，不要让悲伤长时间积压在心底。

生活像一只装满水的瓶子，而心情就是杯中的水，随便晃动都可以溢出来。当你悲伤的时候，这些水就会带着苦涩的味道从你的泪腺涌出，而你则像只气球，好不容易一点一点积蓄的快乐，总会因为一件悲伤的事轻易破裂，努力找寻来的快乐，也会被悲伤赶走。所以，我们要放下悲伤这种情绪，别总把悲伤的事情放在心上！

人生难免经历挫折和悲伤，但雨过天晴，天空终究会晴朗。悲伤常有，可是不要总把它放在心上，时间长了，这种低落的情绪会影响到你的生活，更会在心底留下阴影，造成心理疾病。

放下悲伤的事，才能真正活得轻松；走出悲伤的阴影，才能重见美好生活的光明。

"执子之手，与子偕老"这是一种令人羡慕的婚姻状态，但有很多这样的老夫妻，其中一方逝世之后，另一位不久便因为悲伤，郁郁而终。

其实，这些老人不应该让自己沉浸在失去老伴的悲伤中，可能你会孤独，但你可以战胜孤独。可能你会伤心，想随之而去，可是身在天堂的老伴希望的不是这样，而是希望你好好生活下去。

一位母亲亡故后，孩子们都担心他们的父亲熬不过一年半载的时光也会随她而去，毕竟他是86岁的人了。

出人意料的是，如今母亲去世3年了，父亲仍活得硬朗而昂扬。让人觉得，他好像是为了某个信念而活着。

为了战胜悲伤，老人把老伴的相片摆在床头，像生前一样朝夕相处。天亮了，老人睁开眼睛，第一束阳光就投到老伴的遗像上。他唤着妻子的小名，喃喃道："春，我醒了，睡了一个好觉，看来今天又能对付过去了。你在那边还好吗？"

晚上就寝前，他又说："春，我要睡觉了，也许会在梦中见到你呢。"

老人家衰弱的生命活得激昂而执著，他向孩子们透露了一个秘密。

老人家说，妻子在弥留之际，嘴唇翕动，却发不出声来。她在老人的手心画了个"活"字。

老人明白了，混浊的老泪滴落在妻子的手背上，他攥紧妻子的手，大声地说："你放心，我会好好活下去的。"这句话，当时老人说了三遍，于是，老伴含笑去了。

人固有一死，留下的人一味悲伤只会让自己处于孤独中，暂时的悲伤情绪可以发泄失去亲人的痛。可是长久的悲伤会给自己的心理蒙上一层阴影，这个老人为了老伴的嘱托，他让自己努力放下悲伤，即使年迈，可是活得很顽强。

2008年的"5·12"大地震造成的惨状还在人们脑海里回荡，无数生命结束在了这场罕见的大地震中。很多四川人的心里永远忘不了这段痛苦的记忆，可是他们很坚强，他们放下了悲伤，勇敢地面对，积极投入到救灾工作中。被誉为"最坚强的警花"的蒋敏就是这样一个坚强的四川人。

蒋敏出生于美丽的北川小坝乡。汶川特大地震摧毁北川县城，蒋敏有10位亲人遇难，包括她2岁的女儿。但这位彭州市公安局女民警强忍悲痛，坚持战斗在抗震救灾第一线，默默地搭建帐篷，呵护受灾的老人，抚慰睡眠的婴儿，她说："我回去了，我的活就没有人干了。"蒋敏朴实却绝对震撼心灵的简单回答感动了亿万同胞。5月22日，蒋敏被授予"全国公安系统一级英雄模范"荣誉称号。

在2009年春晚的节目现场连线时，她说："这个新年对我来说，意义很特别。因为能够上春晚，我可以把祝福送给更多的人！2008年终于过去了，悲伤都过去了，我们要微笑地面对生活。希望大家牛年行大运，都顺顺利利，每个人都心想事成！"

痛苦是暂时的，过去的就让它过去吧，不要让悲伤长时间围绕我们，凡事有舍就有得。"放下"是一种人生的智慧，悲伤也是可以放下的，我们要学会及时清洗自己的心灵，不要让悲伤长时间积压在心底，不要让人生因为悲伤迷了路。除了悲伤，我们可以做的事还有很多。放下悲伤，才能重新踏上人生征程！

小事无关紧要，何必生闷气

生命如此短暂，如果我们将精力都花在小事上，那岂非是浪费了宝贵的生命？放下这种坏情绪，不要让它成为你的羁绊。

生气主要是由于外在环境的刺激，除非是圣人，否则，一般平凡人皆会因为生活中的一些事而生气。只是有些人能正确地引导自己的情绪，而有些人则不能控制自己，这些人经常会为了一些小事大发雷霆，暴跳如雷。

在生气的状况下，我们往往会做出不理智的决定，产生令自己后悔的结果。因此，我们不妨放下这种坏情绪，不要因为一些小事动不动就生气。

生活中，让你生气的事实在太多，难道每件事你都要气上一番，小事不妨看开点，何必生气？放下生气的坏情绪能让你的生活更加美好，更加和谐。

从前，有一个妇人，特别喜欢为一些烦琐的小事生气。她也知道自己这样下去不好，便去求一位高僧为自己谈禅说道，开阔心胸。高僧听了她的讲述，一言不发地把她领到一座禅房中，锁上房门就离开了。妇人气得跳脚大骂。骂了很久，高僧也不理会。妇人又开始哀求，高僧仍置若罔闻。妇人终于沉默了。

高僧来到门外，问她："你还生气吗？"妇人说："我只为我自己生气，我怎么会到这地方来受这份罪。""连自己都不原谅的人怎么能心境如水？"高僧拂袖而去。过了一会儿，高僧又问她："还生气吗？"

"不生气了。"妇人说。"为什么？""气也没有办法呀。""你的气并未消逝，还压在心里，爆发后将会更剧烈。"高僧又离开了。高僧第三次到门前，妇人告诉他："我不生气了，因为不值得生气。""还知道值不值得，可见心中还有权衡，还是有气根。"高僧笑道。

妇人问高僧："大师，什么是气？"

高僧将杯子的茶水倾洒于地。妇人视之很久，顿悟。叩谢而去。

在生活中，人们总喜欢为了一些鸡毛蒜皮的小事生气，争执不休，甚至大打出手，其实，冷静下来想一想，也就是那一盏可挥发的茶水，气消消也就没有了，生气只是浪费精力又无意义的事情，何苦拿生气来折磨自己呢？

没有人愿意生气，但在现实生活中，我们还是经常会为小事而生气。在生气中，人们容易做出没有经过谨慎判断的事，

想得开，放得下

放下生气的坏情绪能让你的生活更添美好，更添和谐，也能让你的心态更加平和。

每一天都是快乐的，人生中的快乐色彩才更浓厚，我们活得也就更有意义。哲人说，生气就是拿别人的错误来惩罚自己。做人不要为一些无所谓的事情而伤神费力。聪明人的聪明之处，是善于利用理智，将情绪引入正确的表现渠道，使自己按理智的原则控制情绪，用理智驾驭情感。

当你生气的时候，不妨转换角度想一想你不该生气的理由，这样你就能放下了。

从前，有个人，每次生气和人起争执的时候，就快速跑回家去，绕着自己的房子和土地跑3圈，然后坐在田地边喘气。他做事非常努力，房子越来越大，土地也越来越广，但不管房地有多大，只要与人争论生气，他还是会绕着房子和土地跑3圈，所有认识他的人看到他的这种行为心里都很疑惑，但是不管怎么问他，他都不愿意说明。

直到有一天，当他很老的时候，他的房子和土地已经很广大。他生气时，又拄着拐杖艰难地绕着土地和房子走，等他好不容易走3圈，太阳都下山了，他独自坐在田边喘气，他的孙子在身边恳求他："爷爷你年纪大了，这附近地区也没有人的土地比你更大，你不能像从前那样，一生气就绕着土地跑啊，你可不可以告诉我这个秘密，为什么你一生气就要绕着土地跑上3圈？"

他禁不起孙子恳求，终于说出隐藏在心中多年的秘密，他说："年轻时，我每次和人吵架、争论、生气，就绕着房和地跑3圈，我边跑边想：我的房子这么小，土地这么小，我哪有时间、哪有资格去跟人家生气，一想到这里，气就消了，于是就把所有时间用来努力工作。"

孙子问道："爷爷，你年纪老了，又变成最富有的人，为什么还要绕着房和地跑？"他笑着说："我现在还是会生气，生气时绕着房和地走3圈，边走边想，我的房子这么大，土地这么多，我又何必跟人计较？一想到这儿，气就消了。"

每个人都会遇到让自己生气的小事，当你要生气的时候，你应该想：我哪有时间来生气？我应该去做更重要的事，我的现状不容我生气。当你已经拥有很多的时候，你应该想，既然我已经拥有很多，我更没有理由生气了，这样，你也就能放下生气的坏情绪了。

生命如此短暂，如果我们将精力都花在小事上，那岂非是浪费了宝贵的生命？放下这种坏情绪，不要让它成为你的羁绊。

卸下压力和紧张，人生需要轻装上路

遇事时，有人容易紧张，有人却能放下紧张，自在从容。紧张会让你头脑不清晰，手忙脚乱，那么也必定无法将问题考虑周全。

不论平淡无奇，还是轰轰烈烈，不论一帆风顺，还是波折坎坷，我们的生命都似流水在流淌着，弯弯曲曲地奔向前方。生活中也可能出现一些小波折，但不要紧张，其实这并没有什么可担忧的，放下紧张，轻松面对才能处理好事情，才能以轻松的脚步走好人生每一步路。

凡事保持一份泰然处之的心态能让我们遇事不惊不慌，轻松化解。很多时候事情也没我们想象的那么复杂，我们不妨放宽心，把事情往好处想想，不要让紧张乱了阵脚。

随着时代的发展，中学生"早恋"的现象越来越多，很多人担心孩子早恋会影响学习。为此，一些家长整日为此紧张着，恨不得和自家孩子一起上学，老张就是这样的家长，因为她的干涉，孩子和她之间的关系弄得很僵。她听邻居说儿子经常和一个女生一起回家，一紧张，于是捕风捉影地问起了。

"你们班的学习风气怎么样？"

儿子说："就那样呗！"

"噢，是这样。那……那你们同学有没有因为谈对象而影响学习的？"

"啊？有吧！具体我也不太清楚。"

"噢，那……那……你有没有谈啊？"老张故作玩笑状，其实心都跳到嗓子眼上了。

"没有，不用担心。"儿子很放松地说道。可当妈的老张却不太相信，还得试探试探，"那有没有女同学给你写纸条啊？"

"没有啊，怎么会有呢！你烦不烦啊，老问这个！"孩子有点不耐烦了。

老张也不知道该说什么好了，干脆和孩子讲起大道理，什么早恋会耽误学习，初恋成功的比率很低，你现在还不成熟……

儿子看起来很听话地点着头。她就继续问："那经常和你一起的那个女生是谁啊？"

儿子一听，原来母亲是在试探自己，还拐弯抹角，这下子他火了："妈，你怎么这样啊？你怎么这么不相信我？"说着，他把门一摔，就进屋了。

老张为这事过于紧张，即使孩子真的早恋，也应该保持冷静，用正确的方式引导，而不是用这种方式盘问孩子，这会给孩子一种不信任的感觉，更甚者，也可能让孩子产生逆反心理。

老张应该放下紧张，通过别的渠道了解清楚再做打算，如此也不会造成和孩子之间关系的僵持。

遇事时,有人容易紧张,有人却能放下紧张,自在从容。紧张会让你头脑不清晰,手忙脚乱,那么也必定无法将问题考虑周全。生活中经常会出现因情绪紧张而导致的事件,例如拆错信件、接错门铃、误吃药物、以醋当酒等。甚至,驾驶汽车时如果过分紧张,在紧急的时候踏错刹车板,反而踩到油门,后果真是不堪设想。

很久以前,有一位生性容易紧张的媳妇,经常因为紧张的情绪闹笑话。一日接到娘家口信,说有急事。这位媳妇一听,立刻从床上抱起孩子,拔腿就往娘家跑。途经一片冬瓜田,不慎被瓜藤绊了一跤,抱在手中的孩子也随着跌到瓜田里。她自己先是一骨碌爬了起来,摸摸孩子,赶快抱起来又继续跑。回到娘家一看,抱着的不是孩子,竟是一个冬瓜,不禁悲从中来,失声痛哭。

娘家的兄长先是对她安抚一番,然后陪同赶回冬瓜田里寻找孩子,哪知寻不着,却找着了一个枕头,原来她误抱了枕头。忧心如焚的媳妇,百般无奈,只得又抱着枕头先行回家。回到家里一看,发现孩子正安然地在婆家的床铺上酣睡着。婆家人闻言,不禁哑然失笑,一旁的叔叔也忍不住说:"嫂嫂,你真是太紧张了!"

这只是一个笑话,但却让我们知道,紧张容易出乱子,在我们平常的生活里,每天也不知道要发生多少起这种因为紧张误事的事件！有的人，为了等待约会中的另一个人，精神恍惚，心神不得安宁；有的人为了股票涨落，紧张彷徨，短短的几个小时似乎能让他老了几岁；更有人为了一件小事，急得大汗直流。忙乱中，我们总是顾此失彼，容易误事。

紧张会让你在考场上怯场，担心自己考不好，而结果就是你无法放松，最终发挥失利；紧张会让你在一次大型的演讲中半天说不出话来；紧张会让你在公司大型聚餐活动中失态，陷入难堪境地……紧张会导致很多不良状况，生活被紧张打乱了节奏。

既然如此，就放下紧张，保持轻松的情绪，其实事情真的没有什么大不了，你没必要紧张。凡事往开处想，这个世界上没有解决不了的问题，放下紧张，保持轻松才能用正常状态的思维思考、解决问题，才能处理好事情！

人生不顺时，多宽慰自己的心

人生于世，想不遭受失败和挫折几乎是不可能的，但是调整好自己的心情，使自己不在烦恼的海洋里陷得更深，却完全可行。

有很大一部分人，对世事、对自身都抱有很高的期望，因为一心向前的冲力太大，碰到挫折阻力时，心理的适应性跟不上，由此产生的悲伤和恼怒就会被放大，在很长时间内都不能解脱。这对我们的身心健康的危害是非常严重的。

人生于世，想不遭受失败和挫折几乎是不可能的，但是调整好自己的心情，使自己不在烦恼的海洋里陷得更深，却完全可行。这时候，只要后退一步，你就会发现海阔天空，人生照样美好，天空依然晴朗，世界仍是那么美丽，你会得到很多东西，而不是失去。

做生意，原本想肯定能赚100万，由于种种原因，最后只有10万到手。这样的时候，你后退一步想想：毕竟没有赔钱。当然了，退不是逃，你得总结一下，那90万是怎么未到手的。

公司里人事调整，你原想这次自己肯定升职，可宣布各部门人选的时候，你侧着耳朵听也没听到老板念你的名字。这样的时候，你先别生气，后退一步：毕竟没有被炒鱿鱼。然后想想自己为什么没有被提拔，如果的确不是你的错，那就是老板没长一双慧眼，没发现你这颗珍珠，那损失的是老板而不是你。让他遗憾去吧！

单位里评定职称，你差一点就评上了。这样的时候，你后退一步：这次差一点，下次就一点不差了。那么，回去再努力一年。这一年，你的成绩可能会大大令人惊讶。

被公司老板给炒了。这肯定不如你炒他心里那么痛快，老板炒你肯定有他的理由，但你别去问，一问显得你没劲。你后退一步：毕竟只是被老板炒了，而不是被坏人杀了，只要大脑在，双手在，天下的老板多的是，老天爷还饿不死瞎眼的家雀儿呢。没有工作了，还有许多路等着你呢。

做股票，这只股票本来可以赚5万元，由于贪心，只赚了5000元。你别光骂自己蠢，后退一步：毕竟还赚了5000元，而不是赔了5000元。下次不要再太贪心就是了。要是这次赔了5000元，也后退一步：毕竟只赔了5000元，而不是赔了全部，下次不犯类似的错误，再赚回5万元就行了。

生病。已经生病了，心情肯定不会很好，但心情不好对你身体的恢复只有坏处没有好处，因而尽量使自己不要沉迷在生病不好中不能自拔，后退一步：毕竟只是生病，那就趁这个机会好好休息一阵，平时难得有这样的机会。

人生不如意的事儿十有八九，因为世界毕竟不是你一个人的，造物主尽量要公平一些，不可能把所有的好事都摊到你的头上，也要适当考验考验你，看看你在不顺的时候会是一种什么样子。如果你反应过激，他还会继续考验你，直到你能以一种平和的心态去看待、对待一时的不顺或者挫折。

退一步去看待人生的不顺，并非是一种消极的心态，而是一种懂得放下的人生哲学。

第5章 放飞你的心灵，放下萦绕心间的束缚

为了生活，我们无休止地奔波着；因为渴望幸福，我们努力追求着。人生路漫漫，我们要让自己尽量活得轻松一些，洒脱一些，大度一些。有些不必要的压力和烦恼多是自己给自己添加的，"大度些""看开些""放得下"这些都是生活幸福必须做到的重要环节。聪明人要学会放下一些东西，尤其是思想包袱和心理负担。否则就如背着沉重的石头过河，很容易被淹没。有人说："生活即童话。"其实，若能够以放下的心看待生活，生活就有了全新的面貌。

放下心理压力，给你的心灵松绑

在职场中，应该将工作上带来的心理压力及时卸下，及时地清除心理垃圾，才有足够的能力挑战新的工作，才能面对新的问题。

心灵的房间，不打扫就会落满灰尘。时间久了，心灵就会因为这些灰尘变得灰暗和迷茫，而压力是心灵灰尘的"主力军"，充斥着我们的心灵空间。我们每天都要经历很多事情，重要的、不重要的，都在心里安家落户。心里的事情一多，挤压在心里得不到释放，然后就造成了心理压力。所以，扫地除尘，即将心理压力驱逐出心灵，使黯然的心变得亮堂；把一些无谓的压力扔掉，快乐就有了更大的空间。

在职场中，心理压力过大是很多人工作状态不好的主要原因。的确，在这样一个竞争激烈的社会，谁都会有压力。但是面对压力，我们更应该做的是放下心理的压力，然后转换成动力，不要让它长时间充斥在心中，不要让它成为我们发展的阻力。

第5章
放飞你的心灵，放下萦绕心间的束缚

陈星的家庭经济情况很不好，但他非常懂事。穷人的孩子早当家，读高三的时候，他满载家人和亲朋好友的希望，不断地给自己打气，自我施加压力，不断严格要求自己，甚至严格得有点过分。他每天凌晨睡觉，大清早就起床，夜以继日，发愤苦读。每当他快要支撑不住的时候，他便想起了含辛茹苦的父母，想起他风雨飘摇、岌岌可危的家庭，心中又充满了勇气和斗志。他就这样，以惊人的毅力和决心坚持下来。

高考终于结束了。但是，他与理想的大学失之交臂，他陷入了极度的痛苦与不安中。后来，他只能上了一所并不是很满意的大学，很长一段时间，他都不能从失败的阴影中走出来。大学后，他还是那么努力，还是那么刻苦，他的压力有增无减。

有一天，他的努力和用功终于被一位教授发现了，那个教授把他叫到家里，端来一杯水，问他："你认为这杯水有多重？"

他沉默着没说话，接过教授手中的那杯水，教授就让他一直举着这杯水。教授说："这杯水的重量并不重要，重要的是你能举住它多久？举一分钟，一定觉得没问题；举一个小时，可能会觉得手酸；举一天，可能需要叫救护车了。"

教授望了望这位学生，说："其实，这杯水的重量始终是一样的，但是你端得越久，就会觉得越沉重。这就像我们承担的心理压力一样，如果我们一直把压力放在心里，不管压力大小，到最后我们都会觉得压力越来越沉重而无法承担。我们必须做的是，放下这杯水，休息一会儿之后，再将它端起来，这样我们才能够端得更久。"

"所以，你应该适当放下你的心理压力，这样你才能轻松快乐地学习。"后来，陈星在学习中做到张弛有度，学习效率也提高了。

当他走上工作岗位后，也懂得注意方法和技巧。如今他已经成功进入一家大型企业，成为企业的中流砥柱。

压力，是动力，也是阻力。心理压力持续时间过长，就会让你的心负荷不了，最终会使你崩溃。工作中，心累才是真的累，放下压力，学会调节，学会放手，工作学习中才会有动力、有热情。

在职场中，应该将工作上带来的心理压力及时卸下，及时地清除心理垃圾，才有足够的能力挑战新的工作，才能面对新的问题。相反的是，如果你不能放下心理压力，就会被压得喘不过气来，影响生活和工作。

李雯已经30岁了，还未结婚，她是个容易焦虑、紧张而且内向、敏感的人。她平时虽然感觉自己很压抑，却找不到缓解和释放的方法，总是生闷气，心里堵得慌，心里难过的时候也不知道找谁诉说，经常感到自己处于孤立无援的境地。她的这种状况已经不是一朝一夕了。

她内向性格，家住农村，有一个弟弟。父母都是老实巴交的农民，文化层次较低，但从小对她特别疼爱，有什么要求一般都会予以满足，基本上没有大的挫折，所以学习和生活一直都比较顺利。她从小在学习上自我要求很严格，非常勤奋和刻苦。小学和初中成绩一直都非常优秀，被公认为当地的"好学生"。然而高三的时候，一件事震惊了大家：那天，同学们都在教室里紧张而匆忙地做着老师发下来的试卷。突然，她"啊"的一声在座位上大叫起来，抱着头冲出了教室。接下来班主任找她谈话，她告诉老师自己实在受不了这种紧张和压抑的气氛，感觉头脑发胀，难受得似乎要发狂一般，并提出想辍学。第二天，当她背着行李回到家时，一向温和的父亲大发雷霆，扬手扇了她一个巴掌，她却并没有哭，而是把自己关进房里，整整一天都没有出来。自参加工作以来，竞争激烈，她一直处在高压状态下，且不善于交际。下了班回到家也只是一个人，没有知心朋友可倾诉。长时间的心理压力让她有种想逃的感觉，工作逐渐怠慢。她请了假，背上了行李外出旅行，给心灵放放风。

一段时间后，她回来了，她以一种新的心情和面貌工作着，整个人似乎变了，身边的朋友开始多起来，虽然依旧忙碌，可是并不压抑。

如果没有及时让自己放下心理压力，可能现在李雯已经崩溃了。其实，压力是自己给自己施加的，只要你尝试着放下压力，你的工作和生活就能轻轻松松，就不会被压得喘不过气来。

每个人都渴望成功，可是很多人在追求事业的同时往往以牺牲快乐为代价，而人们也总是认为这两者是冲突的。其实成功和快乐并不是不能兼得，释放心理压力是其中的关键，放下在很多时候是一种大智慧，放下压力，清除心理垃圾，既能获得快乐，又能重整旗鼓投入奋斗，成功的步伐自然轻松很多！

宽恕了别人，就是原谅了自己

宽容别人就是给自己一条更宽广的人生之路！给自己的心灵松松绑，不要始终对别人的错误怀恨在心。忘记仇恨，宽容别人，自己的心才能轻松，心中无恨，自己的心情才会明朗。心情好，心态好，就一定会有一个幸福快乐的人生！

庄子言："人生天地之间，若白驹过隙，忽然而已。"既然生年不满百，那为何要让自己的心灵不畅快呢？人生匆匆，我们没必要让别人的错误折磨自己。试问谁人没有错？谅解别人的过错，才能拥有自己的快乐。当别人因某件事伤害了你时，你一定要保持冷静，不要拿别人的错误来惩罚自己。也许你曾被他人伤害，但为了拥有新的人生，忘记那些不愉快的过去，原谅别人！懂得放下的人才能找到轻松，懂得遗忘的人才能找到自由，懂得宽容的人才能找到朋友！

  阿拉伯著名作家阿里，有一次和两位朋友一起去旅游。三人行至一座山谷时，阿里的朋友马克失足滑落，阿里的另一个朋友雅吉拼命地拉住马克，才将他救起。马克就在附近的大石头上刻上："某年某月某日，雅吉救了马克一命。"三人继续走了几天，来到一处河边，他俩为一件小事而吵了起来，雅吉盛怒之下打了马克一个耳光，马克又在附近的沙滩写上："某年某月某日，雅吉打了马克一个耳光。"

  当他们旅游回来后，阿里好奇地问马克："为什么要把雅吉救你的事刻在石头上，而将雅吉打你的事写在沙滩上？"马克回答："我永远都感激雅吉救了我，把雅吉救我的事刻在石头上，是让我终生不忘。至于他打我的事，随着沙滩上字迹的消失，我也会忘得一干二净。"

  故事中的马克是一位心胸豁达的人，他的宽容，让他拥有了心灵的快乐。在实际生活中，我们常常会遇到一些不愉快的事情，有的伤害甚至终生难忘，我们只有让那些不愉快的记忆随风流逝，才能获得心灵的解脱，才能以轻松的心态继续生活下去。事情已经发生，再回忆那些不愉快的镜头，也无法改变当时的伤害，不如宽容一点，学会忘记，给自己一个轻松愉快的心境，让自己开始新的人生！

  生活中，我们总是避免不了他人的伤害，也会在无意之间伤害他人。有的人能宽容别人的过错，让那些不愉快像一阵风吹过，让自己的心重新轻盈快乐起来。而有的人也许受伤害太深，那些被伤害的镜头总是一次次萦绕在心头，心灵总是被那痛苦的记忆充斥着，怎么也无法真正快乐。

曾经有个女人，在她小的时候，她的母亲把她送给了别人，因为家里实在太穷了，根本养不起两个女孩儿。长大后，了解到自己是被遗弃的孩子，从此，她的心里对生母极其怨恨，她恨她为什么狠心抛弃自己却留下那个孩子。孩子永远是自己身上掉下来的肉，年老的母亲几次想要来相认，她都拒绝了，连母亲亲手给她织的手套也一次都没有戴过，她把手套收了起来，搁在箱底，一直放着。就这样，她结了婚，生了孩子，但她的心一直沉浸在怨恨里。在她二十八岁的那年，突然传来母亲病危的消息。那时刚好是冬天，乡里的人送来信，说母亲想见她一面，让她戴上她亲手给她织的手套。

女人听后，心里开始有些慌乱。再怎么样也是生母，她急忙地戴上母亲织的手套上路了。当她把手伸进手套的时候，突然摸到了一张折着的纸条。她拿了出来，好奇地打开，原来是母亲写给她的信。母亲说，家里的另一个孩子是捡来的，那时候实在养活不了两个孩子，才决定把她送出去。因为，那个孩子实在太小，又病得不成样子，除了他们两口子，没人肯要那个孩子。

她看到这纸条后非常震惊，眼里涌出了泪水。母亲这么多年是怎样的伤心啊，她是她唯一的女儿啊！赶到母亲那里时，老人已经辞世了，她趴在去世的母亲身边整整哭了几天，她悔恨自己当初为什么不原谅母亲，给老人留下一辈子的遗憾。

这个女人后来在七十岁那年去世了，去世前的日子里，她都在悔恨中过日子。前二十八年，她在怨恨中度过，后四十二年，她在悔恨中度过。

宽容是快乐之本，只有放下别人对你的伤害，心灵才会真正快乐起来。朋友之间无意的误解泰然处之，友谊之树就会常青不倒；原谅同事的误会和中伤，就能团结合作完成工作任务；宽容领导暂时的不明智，能使工作更顺利、更协调；宽容下属无心的冒犯，会让他们对你更为敬重。

放下是一种智慧，宽容让心灵拒绝狭隘，宽容别人也就是宽容自己，因为只有放下心灵的包袱，给心灵松绑，才能获得真正的快乐！

事已至此，悔恨无济于事

反省是一种美德，但是，因悔恨而对自己的责备应该适可而止。如果这悔恨的心情一直无法摆脱，而你一直苛责自己、懊恼不止，发展下去，就可能形成一种病态。

在这个世界上，谁都难免会犯错误。不要把自己犯下的错误长时间搁置在心灵深处，而要学会清除它，学会放下那段悔恨的历史，才能弥补和避免错误重犯，从中汲取教训。如果我们没办法坦然面对，那么遗憾恐怕会越来越多。

一个妇人不小心丢了一把伞，她一路上都很懊恼，不停地怪自己，怎么会如此的不小心。回家之后，她才发现，天啊！连她的钱包也不见了，原来她一心惦记掉了伞的事，结果在仓促、惶恐不安中一分心连钱包也丢了。

放不下悔恨，只会出现更多让自己悔恨的事情；放下悔恨，过好现在，才能避免再做出让自己悔恨的事情。

很多人这样想：如果读书的时候努力一点，现在也不会在这样的岗位上风吹日晒；如果当初不放手，她就不会和别人结婚；如果对上次领导交代的任务积极一点，就不会完成得这么糟。这个世界上最没有出息的两个字就是"如果"。

有一位著名的心理医生，在即将退休时总结出对人生影响最大的四个字："要是"和"下次"。很多人总是懊悔过去所做过的事，总是在想，要是我那次怎样就好了。可是，他们忘了一点，这个世界上是没有后悔药出售的，过去永远也无法重新来过，与其沉湎在这种懊悔中，还不如想想如何下次不犯这个错误，矫正的方法其实很简单，只要把"要是"改为"下次"就行了。

心伤很难治愈，那些过去的伤痛总是像刀子一样剜着我们的心，我们何必还在这个伤口上撒盐呢，过去的事情过去了，耿耿于怀也是于事无补，勇敢地面对过去的错误，才能让自己的心灵得到一个解脱。

知识的真正获得不在于一遍一遍的重复，而是如何将它应用到实践中；一段伤痛，不在于怎么忘记，而在于是否有勇气重新开始。

反省是一种美德，但是，因悔恨而对自己的责备应该适可而止。如果这悔恨的心情一直无法摆脱，而你一直苛责自己、懊恼不止，发展下去，就可能形成一种病态。

一天，一名高中生站在二十几层的大楼楼顶上想往下跳，很多群众在这个时候报了警，当警察到达现场的时候，发现他身上还有炸药，难道他要将整个大楼一起炸毁？

处于无奈的状况下，警察只好做最差的打算，调来了很多狙击手。他的双脚在楼顶边缘上颤颤巍巍，喊着："别过来，过来我就引爆炸弹，然后再跳下去。"

此时，花园四周大楼已埋伏了多名狙击手，随时听候分局长下达击毙歹徒的命令。分局长打量着这个稚气未脱、全身还在微微颤抖的少年，他不禁想起了正在读大学的儿子，心头涌上一丝怜悯的酸楚。

只见分局长迅速脱去了上衣和裤子，只穿着一条短裤，几乎赤裸着一步步靠近犯罪嫌疑人，坐在离他很近的位置语重心长地说："孩子，我是公安局长，我不想伤害你，我儿子也跟你差不多大，请允许我以一名父亲的名义跟你谈谈。"

男孩惊呆了。他没想到,一名公安局长竟以这样的方式与他对话。他的目光变得柔和起来,拿炸药的手也开始垂了下来。

"孩子,我知道,其实你并不想伤害别人,你真的不想伤害别人。你肯定有什么心事,你可以跟我说。"

"我真的不想死,可是我整日无法心安,我吃不下、睡不着,我快疯了。今年的愚人节,我跟我最好的朋友开了一个玩笑,我对她说:'你妹妹出车祸死了。'当时,我就看见她哭了,但什么也没有说,就跑到了学校的楼顶上跳下去了,原来她的母亲和父亲都得了癌症,而我又骗她说她妹妹出了车祸,她觉得自己活着已经没有意义了。我们是住校,她也没回家看,就信以为真了,我只开了个玩笑,可是,她却死了,她自杀的场面我永远无法忘记。我不敢把真相告诉父母和老师,我只是想用炸药将跳楼后的自己毁灭,他们不会认出来是我,他们也就不会伤心……"

"孩子,说了这么多,饿了吧?我保证会好好招待你吃一顿大餐。那只是你的无心之失,你死了,你爸妈会伤心,很多人都会伤心,错误已经造成了,你的生命也换不回她,你是个善良的孩子,她在天堂会原谅你的。你过来,我和你好好谈谈。"

一席话说得他放下了炸药,扑进分局长的怀里号啕大哭。他得救了,这栋楼也得救了。

这个高中生没有想到同学的家庭状况，也没有想到她是个心灵如此脆弱的人，他的无心之失酿成了一个惨痛的悲剧。他无法挽回，没有人知道这个女生的死因，而他终日活在悔恨中，造成了心理的障碍。他失去了理智，他忘记了炸药不只是使自己面目全非，最重要的是有很多人会因此失去生命。

人非圣贤，孰能无过。人有要求完美的愿望，但也有犯错误的可能。不要希望自己好到没有一丝缺陷，如果偶有过失，也要潇潇洒洒地承认："这次错了，下次改过就是。"不必把一个污点放大为全身的不是。屡次犯错却不肯悔改才是耻辱。

过度的悔恨会造成心灵的高度负荷，心灵的堡垒最终也会坍塌。不管什么样的错误，既然已无可挽回，那就忘了它，给心灵卸载，冲开过去的枷锁，再一次掬起生活的甘露。

放下猜忌，信任是友情的基础

想要让自己的友谊天长地久，就得懂得友谊的经营之道，就得放下猜忌。而放下猜忌在赢得友谊的同时，也让自己的心灵获得了放松和解脱。

人生在世，谁都离不开朋友的扶持和友谊的陪伴。当你失恋时，朋友是温暖你受伤心灵的港湾；当你事业失败时，朋友给你最真诚的鼓励，人生之路因为有朋友而不再孤单寂寞。美丽的青春年华会随流水一去不复返，唯有朋友间的真挚友谊不会枯萎，一直绽放到天长地久。友谊，是一把雨伞下的两个身影；是一张课桌上的文具的互相传递；是宏伟乐章上的两个音符。没有友谊，生命之树就会在时间的长河中枯萎；心灵之壤就会在干燥的季节里荒芜。所以，我们要珍惜友谊，而珍惜友谊的第一大要素就是信任。友谊的基础是信任，猜忌的友谊就如沙堆上的楼房，不用多久就会倒塌。放下猜忌，才能让友谊之树长青，而我们自己的心灵也得到了解放，不会为猜忌所累。

没有猜忌、互相信任的友谊才伟大而永恒，才能经得起风风雨雨。马克思一生困顿，甚至连生计问题都无法解决，是他的好友恩格斯一直信任他，帮助他，支持着他的工作和生活，正是这种伟大的友谊，造就了跨时代的巨著《资本论》，创立了马克思主义学说，也使得马克思成为世界无产阶级的精神领袖；毛泽东对周恩来的信任，无论是战争年代还是建设年代，从来没有变过，甚至在"四人帮"横行时期，也没有丝毫消减，而周恩来从来没有怀疑过这种信任，也没有辜负这种信任，正是这种高度的相互信任，使他们带领中国革命走向胜利。

而相反的是，猜忌只会让友谊出现裂口，甚至造成遗憾和悔恨。有个古老悲伤的故事：

很久之前,在恒河之滨,有个三口之家:猎人、他年幼的儿子和一条忠诚的狗,他们之间亲密无间,过着美好的生活。每当猎人外出打猎,狗就在家看护着他的儿子,从不懈怠。有一次,猎人刚回来就被眼前的景象震惊了——儿子不见了,只看到那条满嘴是血的狗。他突然有一种天塌地陷般的悲痛:无限信赖的朋友背叛了自己,它吃掉了自己的儿子!怒火燃烧着他的胸膛,他双手颤抖地举起了猎枪,对准那条似乎有些疲惫的狗。可怜的狗,它来不及哼一声就倒下了。这时,儿子从床底爬了出来,哭叫着说:"爸爸,你走后,有一条大蟒蹿到屋里,我好怕啊!幸好有我们的狗保护我,它们开始打架……后来,可怕的大蟒终于被它咬死了……""什么?你说什么?"……猎人陷入深深的懊悔和痛苦之中。为了纪念他忠心的朋友,他在河滨修了一座塔,把狗埋在塔的下面。但是,从这以后,他和他儿子再也见不到他们最亲密的朋友了……

它只是一只狗,一个动物,但却对它的人类朋友如此忠心,而作为人,他却怀疑、猜忌他的朋友吃了自己的儿子,于是他朝它举起了枪……而他最终失去了这个一直对他很忠心的朋友,造成了无法挽回的遗憾。

现实生活中的很多人何尝没有猜忌过他们的友谊呢?他们整天疑心重重、无中生有,有的人见到几个朋友背着他讲话,就会怀疑是在讲他的坏话,或给自己使坏。朋友脱口而出的一句话很可能让他琢磨半天,努力发现其中的"潜台词"。就这样，我们渐渐不能轻松自然地与朋友交往，久而久之不仅自己心情不好，也影响到人际关系，让朋友疏远你，最终友谊不复存在。

想要让自己的友谊天长地久，就得懂得友谊的经营之道，就得放下猜忌。而放下猜忌在赢得友谊的同时，也让自己的心灵获得了放松和解脱。

齐齐和炎炎相遇，是在一个国际聊天室里，她正在和网友聊得痛快时，一行蓝色的英文字体告诉齐齐，有人主动搭理她了。她兴奋地查看了她的个人资料：Japan。这个单词让齐齐很反感。见鬼！她马上就屏蔽了，尽管炎炎一直有礼貌地向她问好。

不久，齐齐就收到了一封邮件："我理解你的心情，但是，当年在战场上杀人的不是我，而我想赎罪！"当齐齐看到炎炎的邮件后，她的怒气全消了。她突然觉得，和她做朋友也许不错……后来炎炎又发了一段话给齐齐："我为我是日本人而难受，也为我是日本人而欣慰，因为过去的那些事情令我们抬不起头，而我们正可以弥补……"

"你以为你一个人可以弥补多少？为什么你们国家的人总是要做一些那么伤害我们感情的事情呢？"齐齐突然就把这些全说了出来。

"我想至少我要尽一份责任，至少要让我的声音传出来！"炎炎的话让齐齐有些辛酸，了解了一段时间后，齐齐知道炎炎是个善良的女孩。

"我一开始没有回应你,有没有想过放弃?"

"不,我不会放弃的,我想和你做朋友!"炎炎坚定地说道,她们成了跨越国界的好朋友。可一段时间后,炎炎的父母双双死于车祸,而炎炎也成了孤儿。有了朋友路好走,齐齐让炎炎来中国求学,她会帮助炎炎一起完成学业。

这是一段跨越了民族的友谊,她们之间没有仇恨,没有猜忌,有的只是信任和帮助,当炎炎失去家庭时,齐齐主动提出让她来中国,帮助她完成学业。

信任是友谊坚固的前提,而猜忌只会让你和你的朋友背道而驰,最终失去朋友,把自己架空。放下猜忌,友谊会更加牢固,心灵也会更加超脱!

人生逆境,看得开才能找到出路

人的一生并不是一帆风顺的,在前进道路上总会遇到许多挫折、磨难,在逆境中学会看得开、看得远,人一生才走得顺当,走得平稳。

人生道路上,风和日丽和风风雨雨共同组成了我们沿途中的风景。有些人在遭遇挫折和逆境的时候,总是怨天尤人,一蹶不振，给自己的心灵蒙上一道阴影，看不见阳光。只有凡事看开一点，在逆境中常常给自己的心灵除尘，才能以坦然的心面对逆境，这样即使在逆境中也能生活得轻松、快乐。

普劳图斯说："泰然自若是应付逆境的最好办法。"面对逆境，我们要看开，其实，生活依旧美好，只是你没发现。

有个残疾人来到天堂找到上帝，一见到上帝，他便抱怨上帝为什么没给他一副健全的体格，没有正常人活动的轻松自如。上帝只是笑了笑，什么也没说，就带他去看了一位朋友，而这个朋友刚去世不久，才升入天堂，他感慨地对这个残疾人说："看开点吧，朋友，至少你还活着。"

后来，一个官场失意被排挤下来的人找到上帝，抱怨上帝为什么没给他高官厚禄，没能让他在官场春风得意。这时，上帝就把那位残疾人介绍给他认识，残疾人对他说："看开点吧，朋友，至少你的身体还是健全的。"

再后来，一个年轻人找到上帝，抱怨上帝没让自己受到人们的重视和尊敬，离成功的路还很远。上帝把那位官场失意的人介绍给他，那人于是便对年轻人说："看开点吧，至少你还年轻，前面的路还很长。"

某一时刻身处逆境，并不代表你失去了全世界。你应该想到，你拥有的还很多，你还有快乐的资本、奋斗的决心、无坚不摧的意志。

人的一生并不是一帆风顺的，在前进道路上总会遇到许多挫折、磨难，在逆境中学会看得开、看得远，人一生才能走得顺当，走得平稳。在逆境中是否看得开会有不同的人生结果。看不开的人只能在逆境中沉沦，心灵也得不到释放和解脱；看得开、放得下的人才能以一副好心态走出逆境，赢取成功。

被称为"东方鸿儒"的季羡林，回忆自己的童年时说："眼前没有红，没有绿，是一片灰黄。当自己长到四五岁的时候，对门的宁大婶和宁大姑，每到夏秋收割庄稼的时候，总带我去很远的地方，到别人割过庄稼的地里去拾麦子或者豆子、谷子。一天辛勤之余，可以拣到一小篮麦穗或者谷穗。有一年夏天，我拾的麦穗比较多，母亲把麦粒磨成粉，做了一锅面饼子，我大概吃出味道来。吃完了饭以后，我又偷吃了一块，让母亲看见了，她赶着要打我。我当时赤条条浑身一丝不挂，就逃到房后，往水坑里一跳，母亲没有办法来捉我，我就在水中把白面饼吃光。"他又说，"现在写这些还有什么意思！但它使我终身受用。有时能激励我前进，有时能鼓舞我振作。"

这不仅是他童年的心态，也是他在人生困境中的心态，一块面饼子的快乐让一个农村孩子成为文学领域的领军人物，这就是一份看得开的心境所带来的成功。

每个渴望成功的人都会经历常人无法经历的困难和逆境，而在逆境中放下心灵的包袱，才会踏过荆棘和坎坷向成功进发。

施利华，是商界拥有亿万资产的风云领头人物。1997年的一次金融危机使他破产了，面对失败，他只说了一句："好哇！又可以从头再来了！"他从容地走进街头小贩的行列叫卖三明治。几年后，施利华靠三明治实现了东山再起的梦想。1998年，泰国《民族报》评选"泰国十大杰出企业家"，施利华名列榜首。

也许有很多人在听到自己破产的那一刻，一定是伤心欲绝。可是，施利华积极地面对，他给自己鼓起从头再来的勇气和希望，最终重现辉煌。其实所有一切都可以重新再来，不过前提是先让自己放下心灵的负担，微笑面对，看开逆境，才会有希望，才可以继续努力奋斗，才会在黑暗中看见那盏指引我们前进的明灯。

路德维希·凡·贝多芬，德国最伟大的音乐家之一，出生于德国波恩的平民家庭。他出身寒微，虽遭到诸多不幸与痛苦，但是凭借不屈不挠的精神以及积极向上的进取心，自我充实，最终茁壮成长。他从小被强制学习音乐，早年曾向海顿与阿布雷治克学习理论作曲，奠定了作曲技巧的深厚基础，终成一代巨匠。

二十六岁时他开始耳聋，晚年全聋，只能通过谈话册与人交谈。但孤寂的生活并没有使他沉默和隐退，反而促使他创作出更多伟大和不朽的作品，对世界音乐的发展产生了举足轻重的作用，被尊称为"乐圣"。他没有因为耳朵聋了而放弃音乐，没有因为自己是贫民出身就什么都不敢尝试，他很乐观，他用微笑把一切阻挡他的挫折都打退了。

　　贝多芬一生与苦难的命运搏斗，永不低头，在逆境中乐观向上，在作品中也融入不少前人不曾想象的深刻感情，处处充满了自信。他的这种精神伴他走向了音乐界的圣殿。

　　人生就像一次旅行，途中必然会有平坦的康庄大道，也有荆棘密布的丛林，这就好比人生中的逆境，真正懂得旅行乐趣的人认为旅行的乐趣在于克服那些途中的困难，在于到达别人所不易到达的地方，在于发现新的佳境。不要只看到旅途的艰苦，而要把希望的灯点亮，去照亮那些你想要去的地方。

　　在我们每个人降生到这个世界时，就注定了要背负各种困难的折磨。逆境常有，人间的苦痛和曲折，我们都该把它看作理所当然。在逆境中我们要看得开，让自己的心灵经常放放风，把心态放轻松一些。多往开处想想，没有必要与自己过不去。放下是给自己的心灵松绑，放下才不会为逆境所累。

攀比之心，只能让你生出无谓的烦恼

　　有句话说得好：当你紧握双手，里面什么都没有；当你松开双手，世界就在你手中。一颗放下的心，比任何财富都宝贵。

处于复杂的经济社会中，人与人之间难免产生比较。谁更有能力，谁更富有，谁更有权势，谁更走运等。比较是一种全面认识自我的方法，通过与他人比较，我们能够了解自己的缺点和长处，从而提高自己、完善自己。但是，比较的多了，如果控制不好，就会变成攀比。

所谓攀比心理，是刻意将自己在智力、能力、生活条件等方面与别人进行比较，并希望超越别人的一种心理状态。攀比之心，人皆有之。科内尔大学教授罗伯特·弗兰克说："你是愿意自己挣11万美元，其他人挣20万美元，还是愿意自己挣10万美元，而别人只挣8.5万美元呢？"大部分的美国人选择了后者。事实证明，过分攀比会使虚荣心不断膨胀，影响身心健康。严重的攀比心理对一个人的身心健康极为不利，会导致自卑、失落、生气、嫉妒等负面情绪的产生。

"魔镜啊魔镜，谁是这世上最美丽的女子？"白雪公主的故事里，恶毒的王后总是一遍又一遍地重复着这个问题。"既生瑜，何生亮？"喜欢攀比的人多半要发出这样的感慨，攀比不是罪过，但攀比心太强，必定烦恼丛生。

在一个丛林中住着一只忧愁的小老鼠，整日闷闷不乐，它自感形象不佳，本领又小，生活在社会的最底层，看人家猫多神气啊。苦恼的小老鼠来到了山神的面前，再三哀求山神给予帮助，把它变成一只猫。山神终于被缠不过，答应了它的要求。于是小老鼠变成了一只神气的猫。没高兴几天，又有了新的问题，原来猫怕狗。它又去求山神，把它变成一只狗。可谁料，狗怕狼，于是它又跑去请求变成狼……

如此这般一路请求一路变化，小老鼠终于变成森林之王——大象。它昂首挺胸，在丛林中散步巡视，威风凛凛，动物们见了它都点头哈腰，恭恭敬敬，它心中别提有多高兴。可是没过多久，它有了新的发现：大象最怕的竟然是老鼠。这时它眼中最伟大的形象又变成了老鼠，于是它又去哀求山神……

在这个世界上，万物相生相克，哪里有最强和最弱之分？一味地把自己的缺点和别人的优点去比较，只会打击自己的信心。把这些比较都放下，安安心心的做自己，生为老鼠，就做一只快快乐乐的老鼠，不也很好吗？就像我们身为普通人，就做好一个普通人应该做好的事情，享受平静安详的生活。如果你像那只小老鼠一样，比较来比较去，到头来会发现，人人都有自己的苦恼和快乐，别人的生活未必比自己幸福。

放下攀比的心，不要做无谓的比较，你所追求的财富和骄傲或许才是危险，而那些平素令你不屑一顾、嗤之以鼻的东西才会让你真正安全。

从前有两头骡子，主人要它们分别驮着粮食和财宝，驮着财宝的骡子因为感到自己驮的东西价值不菲，所以昂首阔步，把系在脖子上的铃铛摇得悦耳动听。它的同伴则不声不响地跟在它后面，突然一伙强盗从隐蔽处窜了出来，扑向骡队。强盗跟主人扭打时，为了得到财宝，用刀刺伤了驮财宝的骡子，贪婪的强盗把财宝洗劫一空,对粮食则不加理会,驮粮食的骡子也就安然无恙。此时,受了伤的骡子完全没有了刚才的神气,边叹倒霉边对同伴说道:"还是你的运气好啊,虽然不神气,但总不至于挨刀子。"

如果驮财宝的骡子知道自己会被刀刺伤,它还愿意驮财宝吗?它还会因为自己驮着财宝而趾高气扬吗?肯定不会。

人比人,气死人,这话不假。或许我们只是拿着很少的工资,或许我们只是忙碌碌的工薪族,但是每个人有个人的活法,何必去比较,何必去羡慕?我们的能力有多少,我们就享受多少。

心理学家提出了矫正攀比心理的几个注意点:

第一,放弃对一些事情的过分在意,把时间和精力用在对自己的人生和发展更加有意义的事情上。第二,接受不能改变的,积极行动去改变能够改变的。第三,让比较成为自己振作和更好地前进的动力,而不是前进道路上的束缚。

有句话说得好:当你紧握双手,里面什么都没有;当你松开双手,世界就在你手中。一颗放下的心,比任何财富都宝贵。无论在什么时候,永远不要去和别人攀比,要知天外有天、人外有人,比来比去的结果就是再次证明自己的无知。不管人们把你评价的多么高,你永远要有勇气对自己说:我是个毫无所知的人。学会放下,使自己保有一颗谦逊的心,你会活得更加自在,怡然!

第6章 放下那些羁绊，豁达为人方能收获幸福

　　人生在世，快乐和轻松自在的生活是我们所追求的，但就是这份闲情逸致，得来也着实不容易。在当下竞争日趋激烈的大千世界，"忙、茫、盲"成了大多数人的生存状态，为了追求安然的生活，我们就要善待自己，善待心灵。从容的心境是呵护你一生的珍贵礼物，多一份从容，会让你过得更舒心、更快乐。

放开自己的心，笑纳命运给予你的种种

命运的轨迹是我们无法决定的，要想从生活中收获快乐，并在快乐中步入成功的殿堂，首先要做的就是坦然地接受自己的一切。

人生不易，生活不易，因此我们就更不应该再对自己过于苛刻。做人应该坦然地接受自己的一切，放开自己的心，虽不能追求轻灵飘逸之感，但也要努力享受轻松自在的那份从容。

然而，社会的复杂化，让有些人越来越学会了掩盖自己的真实，激动兴奋的时刻不能喜形于色，这样才显得谦虚有内涵；失意的时候要强装笑脸，这样才够大方洒脱。是不是太过真实就会显得平淡无味？于是越来越多的人将真情隐藏，将泪腺封闭，用平静掩盖激动，用微笑来掩盖失意。其实，每个人都是一个多面体，在不同的环境下或开朗或深沉，或自信或消极，但不管是怎样的一面，真实的自己肯定是最令人放松和舒适的。

有句话说："上帝散布给人间的苦难与幸福一样地均

等。"有位哲人说过："你要欣然接受自己的长相，如果你是骆驼，那么就不要去唱苍鹰之歌，驼铃同样充满魅力。"是的，这个世界上，没有一个人活得容易，更没有一个人整日被鲜花与掌声所包围。无论命运是否乖蹇，就像《简爱》所言："我贫穷，低微，不美丽。但当我们的灵魂穿过坟墓站在上帝面前时，我们是一样的。"

当你面对不如意的事情时，不必满脸怨气；看到电视上才子才女们独有的风采时，不必抱怨自己才气平平；看到歌手或名人们耀眼的光环，不必抱怨自己缺乏艺术天赋，也不要去寻找那种自以为与生俱来的优势来填补自己的遗憾。殊不知，时间和机会却在你的抱怨间悄悄流逝，让你画地为牢作茧自缚，自己断送了自己。

命运的轨迹是我们无法决定的，要想从生活中收获快乐，并在快乐中步入成功的殿堂，首先要做的就是坦然地接受自己的一切。这不仅需要很大的勇气，需要毫不犹豫放下自己的架子，丢掉自己的面子，还需要有坦然面对冷眼以及闲言碎语的魄力。

路遥一辈子只写过一部长篇小说，就是《平凡的世界》，洋洋洒洒百万言，内容平凡而朴实，却足以奠定他伟大小说家的地位，也足以让人在十多年后的今天继续怀念他。

他是平凡人，他不是天才，没有惊世才情，但他不浮躁，不偷懒，不放弃，肯吃苦，甚至把生命和创作融为一体。他笔下的角色也都是平凡人，比如孙少平，有着农民的隐性自卑，有时候也会懦弱，但是他坚忍顽强，奋斗不息。

孙少平家境贫困，却从来不嫌弃自己的家庭出身。他在苦难和饥饿中长大，艰难困苦的社会现实锤炼着他，求学期间饥饿时时折磨着他，褴褛的衣裳使他在女生面前不体面，苦涩、凄楚、难言的悲愤积郁在他的心头，但是他挺过来了，以男子汉的豁达平静接受着这一切。他读书，打工，大胆追求"门不当户不对"的爱情，即使再苦难，也从不看轻自己。从学生时代的食不果腹、衣不蔽体，到打工生活的颠沛流离，到爱情泯灭的悲痛欲绝，再到因工毁容后的埋头痛哭，孙少平尝尽生活的艰辛，饱受命运之苦难，然而他却从未屈服，从未放弃对美好生活的渴望，默默承受，顽强坚持。从孙少平身上，我们能够感受到最顽强最震撼的生命力，也能体会到在一个平凡的世界里不平凡的人生。这其实也是路遥自己人生的写照。

十多年过去了，路遥唯一的一部长篇小说依然畅销，路遥的精神依然在影响着一代又一代读者。许多人若抱怨命运的不公，哀叹自己与成功无缘，只要翻开他的作品就明白，人不必苛求太多，关键是活出个真实的自我。

季羡林先生出了一本自选集，他向责编提出，一个字都不能改。他说他希望自己自选集收录的文章能真实地反映自己，不管当初自己的文章写得多么青涩、思想多么幼稚，他都希望原样保留，不加任何掩饰。

他还亲自为这本书写了一篇序言《做真实的自己》，他在序言中说——"我主张，一个人一生是什么样子，年轻时怎样，中年怎样，老年又怎样，都应该如实地表达出来。在某一阶段，自己的思想感情有了偏颇，甚至错误，绝不应加以掩饰，而应该堂堂正正地承认。这样的文章绝不应任意删削或者干脆抽掉，而应该完整地加以保留，以存真相。在我的散文和杂文中，我的思想感情前后矛盾的现象，是颇能找出一些来的……不管现在看起来是多么幼稚，甚至多么荒谬，我都不加掩饰，目的仍然是存真。"

真实，我们每个人都可以做到，生活中的所谓枷锁是我们自己套上的。当我们一面抱怨周围环境造成的束缚，一面艳羡别人的自在生活时，却忘了其实很多束缚并不是强制性的，我们有权利和能力冲破它。试想，当你受到大自然的感染，不去抑制自己的冲动，赤脚在阳光之下尽情舞蹈时，除了会招来众人注目或引来一点点非议之外，还会有什么影响？所以，生活中，你完全可以卸下沉重的面具，放开你的心，尽可能让自己享受最大限度的从容之感，在力所能及的情况下按照自己的意愿精彩地生活。

拿得起还要放得下，放下才能收获幸福

女人要学会用从容的心来面对逝去的感情，不要把爱情当作自己生命的唯一。已经发生的遗憾是永远无法再重新来过的。

对女人来说，有些人有些事是一定要经历的。人生在世，每个女人都在慢慢学着生活，慢慢懂得爱情，没有人告诉女人爱情中的对与错。很多事情发生了，过去了，只给女人留下了遗憾的回忆。有些女人把这些回忆珍藏在心中，一直活在过去，看不到新的希望，这种执著很专情，但却太让女人痛苦。

女人要学会用从容的心来面对逝去的感情，不要把爱情当作自己生命的唯一。已经发生的遗憾是永远无法再重新来过的，紧握故去之人的手并不能让女人重新得到失去的感情，倒不如珍惜自己现在所拥有的。失去的就让它留在回忆里，感情既然已经逝去就让它被遗忘，这样女人才能从容坦然地面对自己的新生活，而不会让早已结束的感情继续束缚自己。

人生短短几十个春秋，几番冬霜寒暑，女人能有多少时间活在过去的遗憾与悔恨中？从容的女人懂得如何去爱惜自己。在得到与失去的过程中，她慢慢地认识自己。其实，感情并不需要无谓的执著。没有什么是真的不能割舍的，感情如果已经离你而去，女人要在落泪以前转身离去，将昨天的甜蜜埋在心

底，留下最美的回忆，给自己个机会，能够重新开始。

爱情没有永久的保证书，逝去的感情其实是给了女人一个重新选择归属的机会。其实每一份感情都很美，每一程相伴也都很令人迷醉，但有些爱不一定就是刻骨铭心，无法释怀。这一程情深缘浅，女人要懂得好聚好散。然而有时候，沉迷于感情中的女人不懂，明明自己那么爱的人，为什么忽然就要离自己而去。因为舍不得，所以哭，所以闹，所以伤害自己，到头来发现其实根本就留不住失去的感情。

解决失恋最好的方法就是忘记。忘记恋爱中的快乐、幸福，忘记恋爱中的失落、痛苦。但不要强迫自己去忘记，越是这样越容易想起。当你不再想起他，也就不会再有任何失恋时的感受了。到那个时候，你便会坦然地面对，想起他时，你会感叹一句："哦，原来我曾经爱过他。"

八一队的领队郑海霞，因为与众不同的身高原本就引人注目，回到故乡河南打比赛，更是人群中的焦点。长年的比赛生活，使得她已经习惯了这种关注，郑海霞总是在微笑，轻松的表情里有一份一切尽在掌握的从容和自得。

只有说到爱情的时候，她才会悄悄收起那份开朗的笑容，她承认自己刚刚结束了一段感情，因为这是这么多年来她第一次投身爱情，本以为会和这个男人走到婚姻的殿堂，没想到却因为外界的原因而让爱情悄然驻足。郑海霞说，从前自己的生活很单调，每天都是锻炼、比赛，在遇到这个男人之前，她对自己和未来没有一个确定的目标。直到爱情出现之后，她对于爱情和婚姻的态度一下子来了个大转折。两个人相互扶持，彼此珍惜的幸福让她感到无比的快乐。然而就在她对未来充满甜蜜憧憬的时候，爱情在走过了一年零两个月之后，却无奈地画上了句号。

郑海霞到现在说起那个男人，说起那段感情，都充满留恋，"跟我在一起，他要承受的太多了！我给了他太多的压力……"郑海霞在谈到逝去的感情时，丝毫没有痛苦的表情，相反，却是一种回味悠长淡淡的微笑挂在脸上。她说："那段感情教会了我什么是家与责任，虽然我们不能走到最后，但是我相信，我仍然会找到一份属于我的爱情，所以我不伤心。我要继续努力。"

感情是双方的事，既然有人先放手，那肯定是有不合适的地方。面对逝去的感情，女人也只能从容面对，学着释怀，试着看开。不属于你的感情，迟早会离开，并不会因为你的伤心，你的哭闹而为你留下。女人要调整自己，走出失恋的阴影，去为下一段感情而努力。

女人要像郑海霞一样，面对没有缘分的感情，能够大度的放手，挥手送别曾经的爱人。她明白，恋爱是一次已完成的选择，失恋面对的是即将到来的选择。在以后的日子里，会有一个能与她心心相印的人在等待她，所以她无须执着于已逝的爱情。

从容的女人拥有真正深厚的内心。她知道不是所有的辛勤耕耘都会有收获，也不是所有的快乐都可以兑现幸福，真正的波涛都在平静后，真正的深厚就孕育在平和里。女人要坦然面对人生的坎坷羁绊，以欣赏的眼光，在风雨中为自己制造浪漫的情调。

爱情不是生命的唯一，真正从容的心怀能为失去感情的女人带来心灵的宁静，造就她恬淡的心性。一路走来，接受生活中的美满与不如意，放开不属于自己的手，祝福曾经的爱人，从容的女人才会拥有真正精彩的感情生活。

放下压力，你就获得了动力

把自己放在劣势，就是给自己压力，为自己注入进取的动力，敢于把自己放在劣势地位的人，最终就有可能把劣势转化成为优势，从而取得胜利。

生活中的事情太过繁杂，很多人忙得不可开交，手头的事情麻烦不断，整日心烦意乱。但对于从容的人来说，他们不会让压力把自己压垮，因为他们看得透、看得开，不会把很多事都放在心上，他们懂得如何妥善处理和化解压力。

风烛残年的歌德在回忆他的一生时认为，人不过如古希腊神话中的西西弗斯一样,终生服着苦役。压力就像命中注定要推上山的一块石头,不停地滚下来又不停地推上去,如此循环不息。更令人惊奇的是,中国古代的儒家思想也有相似的见解。孔子说的"生无所息"以及孟子说的"天将降大任于斯人也,必先苦其心志……"这一大段耳熟能详的话,无非都是告诫我们要重视压力的存在。压力是一种不可思议的魔力,每个人对压力都有不同的看法。多数人认为压力是一种煎熬,就像被一张无形的大棉被包裹着,压得自己喘不过气来,时时受着痛苦的煎熬。压力真的有这么可怕吗?

在压力下失败的人屡见不鲜。在高考时,有些人因为压力大而发挥失常,被夺去进入大学的机会;有些人因为压力大而选择结束自己的生命;有些人因为压力大,回到家里就乱发脾气,把压力都施加在别人身上;有些人因为逃避压力而不思进取;也有些人把压力大当做失败的理由……外界压力的大与小我们无法左右,但我们自身的压力是可以调节的。给自己压力并不是要求我们必须遭受职场的压抑、经济的拮据、生活的贫困、疾病的折磨、意外的打击,而是要求我们在"励精图治、艰苦奋斗"的条件下求得兴旺发达,克服沉湎享乐和意志消沉,把坏事变成好事,被动变为主动。如果能用正确的心态去迎接压力,从不同的角度去审视压力,压力就不是恶魔的使者,而是天使的变身,帮助你走向成功的道路。

一天,一名剑客去拜访一位武林泰斗,请教他是如何练就非凡武艺的。武林泰斗拿出一把只有一尺长的剑，说："多亏了它，才让我有了今天的成就。"剑客大为不解，问道："别人的剑都是三尺三寸长的，而你的剑为什么只有一尺长呢？兵器谱上说：剑短一分，险增三分。拿着这么短的剑无疑是处于一种劣势，你怎么还说这剑好呢？"武林泰斗回答说："就因为在兵器上我处于劣势，所以我才会时时刻刻想到，如果与别人对阵，我会是多么的危险，所以我只有勤练剑招，以剑招之长补兵器之短，这样一来，我的剑术不断进步，劣势就转化为优势了。"

优势和劣势有时候并不是绝对的。有时，把自己放在劣势，就是给自己压力，为自己注入进取的动力。敢于把自己放在劣势的人，最终就有可能把劣势转化成为优势，从而取得胜利。

秦末楚汉之战时，楚霸王项羽在背水一战的情况下，让军中的士兵把一切辎重都丢入黄河，一鼓作气，毫无牵挂地冲向敌阵，结果大败敌军。这就是所谓的"破釜沉舟"。也许在现在看来这有点儿冒险，但拥有这种敢于挑战压力的勇气却是十分必要的。在竞争激烈的21世纪，我们不仅需要这种勇气，更要自己为自己制造"破釜沉舟"的机会。海尔公司是中国第一家在美国制造和销售产品的家电企业。回顾进军美国之初人们的种种非议，总裁张瑞敏只用一句话来回答："进美国，我们毕竟有成功的可能，但如果不进美国，我们就连一次机会也没有。"

没有人喜欢压力，但是压力给予我们的却是在有限时间里自身潜力的完全释放。再懒惰的马，只要身上有马蝇叮咬，它也会精神抖擞，飞快奔跑。所以，压力不是件坏事，它让你每天一睁眼就明确了今天哪些事情要做，让你为自己的目标去忙碌，让你精神饱满地去工作，去生活，让无聊、浮躁、烦闷在你的生活无立足之地，使快乐、幸福、充实充满你生命的每分每秒。

无论是人生或者事业道路上的艰难险阻，还是生活和工作中存在的种种挑战，都让我们感到了压力的存在，让我们增加了对时间的紧迫感。想要成就事业，就不可能不面对压力。对奋进者来说，大大小小的压力，都是无穷的动力，他们喜欢在压力中生活。"东方时空"的梁建增曾在自己的语录中写道，"给自己确立目标，把自己的所学最大限度的发挥出来，把事情做到极致，自我施压一路前行"每一次的压力都意味着挑战的存在，而追求胜利和前进的决心，让他们得以一次次超越自我。

放弃不是失败，是一种人生的从容

放弃，不等于逃避和退缩，也不等于失落和遗憾，学会放弃会使人聪明睿智，从容地放弃眼前的得失，就会收获明天的成功。

一个老人在高速行驶的火车上，不小心把刚买的新鞋从窗口掉了一只，周围的人倍感惋惜，不料老人立即把第二只鞋也从窗口扔了下去。这举动更让人大吃一惊。老人解释说："这一只鞋无论多么昂贵，对我而言已经没有用了，如果有谁能捡到一双鞋子，说不定他还能穿呢！"

有深度的人都深谙放弃的真谛，他们能从损失中看到隐藏的价值，收获自己最想得到的东西。老者没有因为误失一只鞋子而扼腕叹息，却十分淡定从容的扔掉另一只，这不仅彰显出他高尚的人格魅力，也昭示了他的做人智慧：得失随缘，放弃是另一种获得。

我们相信，当他把另一只鞋子扔出去的时候，虽然失去了一双新鞋，却收获了精神上的富足和成他人之美的赞誉。为人处世，适可而止地舍弃，是获得精神超脱和快乐身心的捷径。

俗话说：人生如棋局，取舍之间，彰显智慧。是坚持还是放弃，是得到还是失去，在人们做决定和选择时，这些疑问经常困扰着他们的思绪。在我们的传统观念中，坚持历来被认为是一种积极的优良品格。坚持，坚持，再坚持，是很多人的座右铭。坚持就是胜利，也似乎成了千百年来的至理名言。可是有谁会看重放弃呢？很多人甚至鄙夷放弃，认为放弃是缺乏毅力，无能的代名词。在坚持面前，放弃往往显得是那么渺小，那么微不足道。其实放弃，有时候是为了更好的坚持。懂得放弃之道的人，他对人生的理解已经颇为深刻。

巴尔扎克有一句名言:"在人生的大风浪中,我们要常常学船长的样子,在狂风暴雨之下把笨重的货物扔掉,以减轻船的重量。"人的一生面临许多选择,有迂回曲折的坎坷,也有峰回路转的机遇,而选择的前提是坚持与放弃的取舍问题。成功的关键不在追求得多一些,而在你愿意放弃什么。放弃得正确,你就坚持了准确的方向。同样面对机遇和挑战,有人迎难而上,有人临阵退缩,有人顾此失彼,怎样才能做出正确的选择呢?这时就要拿出放弃的勇气来,该放弃时就放弃,有舍才有得,不在得中求得,而要在舍中求得。

诚然,有时放弃一些东西,我们会有很多的不舍与难过。但不要以为放弃就会失去什么,就算是失去了一些东西,你得到的也比失去的多得多。尤其是当时过境迁,繁华过后,静下心来一想,那些适时适度的放弃换来的是我们后来的巨大收获。放弃,不等于逃避和退缩,也不等于失落和遗憾,学会放弃会使人聪明睿智,从容地放弃眼前的得失,就会收获明天的成功。

在不少人眼中,放弃就等于畏缩和懦弱,如果放弃了某些东西,就意味着自尊的缺失和无能的暴露,真的是这样吗?其实恰恰相反,放弃是一种谦让的美德,是一种理智的选择,是有深度和风度的表现。

孟子说过:"鱼,我所欲也;熊掌,亦我所欲也。二者不可得兼,舍鱼而取熊掌者也。"鱼和熊掌都得,那当然是最圆满的，但事实往往是鱼与熊掌只能取其一。这时我们就需要学会放弃，只有这样，才不会为一得而喜，为一失而忧，这也是成功所在。如果盲目地坚持两者兼得，结果必然是鸡飞蛋打，得不偿失。

对人生的意义理解深刻的人能够看淡得失，他们深知，懂得放弃，敢于放弃，才会走得更远，攀得更高。

学会吃亏，吃亏是福

生活中如果肯吃点小亏，忍让他人，不仅可以化解尴尬为难的困境，还能够树立起自己的威信，肯适当地牺牲自己的利益帮助别人的人，别人也愿意帮助你。

每个人都不愿吃亏，吃亏就意味着一时的失去，很多人甚至在吃亏后心理极不平衡，对他人心生怨恨。这不仅破坏了和别人的关系，而且很容易影响自身身体健康。

中国有句古话是"吃亏是福"。可是现实生活中却没有几个人愿意吃亏，有一点点损害自己利益的事情发生就大呼小叫，愤愤不平。试想，这样斤斤计较的人怎么能从容地与上司、同事、朋友愉快相处呢？

有些初涉职场的大学毕业生，他们觉得自己学历高，是人才，所谓初生牛犊不怕虎，在职场上横冲直撞，吃不得一点亏，这样势必会得罪不少人。人际关系搞不好，自己也会很苦恼，谁不希望得到别人的认同，被别人喜欢呢？

阿军刚进公司的时候，认为自己是大学毕业生，身份自然不同，所以在报到的那天没有和前台接待小姐打招呼。在以后的工作过程中，他很少用到"谢谢"等用词。渐渐地，他发现在工作中，同事们并不怎么认可他的能力，关系也很冷淡。

后来他开始试着改善自己的言行，在工作过程中多用些对别人表示敬意的礼貌用语，而且常常主动帮人干活，多做事，这帮助他走出了人际关系的困境。他深有体会地说："多用些礼貌用语，平时多付出些，看似吃亏了，但相比下来，却是因祸得'福'啊。"

告别了单纯的校园生活，进入到社会的大熔炉中，越能适应形势变化的人，生存能力就越强。这里所说的"适应"包括受点"委屈"、多"吃点亏"这样的做人哲学。

其实，一个新人刚到一家公司时，老板通常不会也不敢将重要的工作项目交付给他来完成。那么，如何让老板对你的工作能力产生信心呢？据有经验的"过来人"介绍说："这完全体现在刚开始工作的那些所谓杂活里。虽然不起眼，也不是很重要的工作，但这在考验你。如果你仍然努力完成工作，这其实就是在给自己加分。"如此看来，老板一开始安排的工作的确是"小儿科"，如果你肯吃这点亏，便是将来担当重任的基础。

不仅职场如此，生活中如果肯吃点小亏，忍让他人，不仅可以化解尴尬为难的困境，还能够树立起自己的威信，肯适当牺牲自己的利益帮助别人的人，别人也愿意帮助你。

刺猬是一种很奇特的小动物，它们不伤害别人，也不怕任何动物的伤害。因为它们的背上长着密密麻麻的刺，狮子老虎来了，它们就迅速地缩成一团，竖起尖尖的刺，狮子老虎无从下口，只好垂头丧气地溜走了……

到了冬天，小刺猬喜欢一大群挤在一起相互取暖，可是严冬过去之后，大家却发现自己遍体鳞伤，没有一只例外，这让他们很沮丧。

其中有一只小刺猬大概比其他的聪明些，在又一年冬天即将来临前，它决定先去向它认为更聪明的猫头鹰爷爷请教一下。为什么呢？因为猫头鹰爷爷老是睁一只眼闭一只眼，好像总在思考问题，那它一定是很有学问的啦！

"猫头鹰爷爷，您好！为什么我们小刺猬过冬之后总是遍体鳞伤呢？"

"好孩子，你得先告诉我，你们是怎么受伤的啊。"

"天冷了，我们喜欢一大群挤在一起，相互取暖。但等暖和后一分开，就发现我们都受伤了。"

"噢！我想想……"

"有了！"猫头鹰爷爷沉思半天后突然大叫一声，"你们一定都竖着刺吧？"

"是啊……"

小刺猬望着猫头鹰爷爷，觉得这个问题很奇怪。

"你们都竖着刺，又要一大群挤在一起，当然就互相扎伤了啊。"

"其实啊，如果你们都把刺收起来，不就不会扎伤了吗？"

"那可不成！如果我把刺收起来，其他刺猬都扎我，那我不就吃亏了吗？"

"好孩子！我相信你是一只聪明的小刺猬。如果你肯吃点小亏，先把刺收起来，一定会换来你们一群的安宁。"

"相信我！没错的……"

小刺猬将信将疑地回到了群里。在大家聚到一起的时候，它听从了猫头鹰爷爷的劝告，首先收起了尖利的刺，也很快就挨了两下扎。正当它准备奋起反击的时候，忽然想起了猫头鹰爷爷的话，便强压怒火，更紧地蜷缩成一堆。

很快，周围的两三只小刺猬发现了它的"异状"，既然没有了被它扎的危险，便也学着收起了刺。就这样，一传二，二传三，所有的小刺猬都收紧了尖刺，挤在一起度过了一个温暖的冬天……

春天来啦！它们欣喜地发现，除了第一只小刺猬挨了两下误伤，其他所有的小刺猬都没有受伤！小刺猬们高兴极了，它们推举聪明的小刺猬做了它们的首领，从聪明的小刺猬那里知道了更聪明的猫头鹰爷爷之后，它们采集了很多鲜果送给猫头鹰爷爷。猫头鹰爷爷尽管更爱吃小耗子，还是满意地收下了礼物。猫头鹰爷爷闭着一只眼睛，语重心长地说了句："记着，吃亏是福啊……"

多忍让、多付出的人，用一颗坦诚的心与人交往，必然会得到相同的回报。

吃亏是一种从容的胸怀，是一种品质，一种风采。不懂吃亏，就不能轻松自在地领悟人生，吃亏是无价的珍宝在每个人心底深深珍藏。

放下那些不平事，让心安宁

其实，要真正走好自己的路并不容易，一路上可能会有坎坷和不平，要想走好自己的路，就必须掌握应对坎坷和不平的技巧，更要有披荆斩棘的斗志和从容对待的勇气。

没有谁的人生是一帆风顺的，总会有种种的不平事来考验我们，这时你不要轻言失败，无论是生活还是事业，人一生的幸福都只能掌握在自己手中，除了自己，任何人也不能为你打开幸福快乐的大门。所以我们一定要走好自己的路，从容接受人生的不平，要知道，有时候我们走错一步，走好人生的自信心就再也无法找回来了。

他是一名大学教师，已经三十好几了，还没有找到对象，家里急了，他自己也急了，于是，在朋友的介绍下，他认识了在某事业单位工作的她，见面之初，他们都对彼此很满意。很快，在亲朋好友的祝福下，他们结婚了。

但当他们成为夫妻后，才发现彼此在很多问题上存在很大的分歧，于是，他们经常吵架，没有哪一天是安静的。最终，刚结婚半年的他们，就决定离婚。但令周围朋友奇怪的是，离婚后的他们关系反倒好了，彼此间遇到什么麻烦事，对方总是出手相助。他开玩笑地和朋友说："可能是婚姻束缚了我们吧。"

的确，正和故事中的男女主人公一样，当爱情不存在的时候，如果我们还死死抓住，不肯放手，那么，只能伤人伤己；而适时放手，则是一种解脱。因此，分手，失恋，都不必太在意，因为昨天即使再美好，也必将成为过去，今生还有很长的路要走，更重要的是过好今天，把握明天。

人生之路尽管漫长，但每个人走的机会只有一回，因为人生没有重来一次的机会。因此，女人必须要把这仅有一回的人生之路走好，但这不是一件容易的事。人生无常，当不平之事来临时，女人若计较得失，一味地钻牛角尖，那只会使自己的路越走越窄。试着放宽心，从容地面对劫难，任不平之事发生，不为所动，想办法让自己活得好才是女人正确的做法。

尽管每个人的人生之路各不相同，或者是每个人"走"的方式不同，但共同点是都必须要"走"，而且应该走好。其实，要真正走好自己的路并不容易，一路上可能会有坎坷和不平，也可能会有荆棘和艰险。因此，我们要想走好自己的路，就必须掌握应对坎坷和不平的技巧，更要有披荆斩棘的斗志和从容对待的勇气。愿你都能把握好自己的人生，从容面对人生的不平。

第7章 放下杂念，奋斗人生路要有非凡的判断力和决策力

纵观那些曾经创造辉煌的人物，那些被人誉为天才的伟大人物，他们都曾经驾驭过别人，都有战胜一切阻碍的力量和勇气，但是，他们最先战胜的是自己的情绪，因为战胜了自己的情绪，他们才能在关键时刻镇定自若，拥有非凡胆识，从容不迫，临危不惧，从而化险为夷，让接下来的一切事情变得简单和易于解决。现实生活中的我们也要成为一个从容不迫的人，学会用从容的心态武装自己，用从容的智慧升华自己。

审时度势,找到最佳方案

若我们做事眼疾手快,善用每分每秒,能运筹帷幄、审时度势、从容而行,那成功对我们而言便如同探囊取物。

"得时者昌,失时者亡",世上最变幻莫测的非时势莫属。所以,我们做任何事情都要审时度势,因时制宜。那何谓审时,何谓度势呢?审时,是用高瞻远瞩的眼光、远见卓识的见解对时局、现状的一种准确认识;度势,是用心中有数的态度、胸有成竹的从容对事态变化的一种自信把握。

把握好一个时机,便能扭转局面,转变我们人生旅途的航向。因此,我们做任何事情都要行成于思、眼疾手快,要有先见之明,量力而行,根据环境的变化灵活、敏捷、大胆地从容应对,不仅要发挥自身的一切优势,积极利用一切可利用的力量,还要充分了解外在的动向,寻求一切有利条件,为自己所用。刘备就是这样一个善于审时度势,能从容面对任何事情的高手。

刘备从一个卖草席的落魄皇族起家,本钱上根本没法和曹

第7章
放下杂念，奋斗人生路要有非凡的判断力和决策力

操、孙权相提并论，但刘备选择的策略———一切从实际出发、审时度势却使他成就大业，永载史册。刘备蛰居乡里多年，并没有做出什么惊天动地的大事，直到黄巾起义的爆发。刘备熟读兵法和史书，他判断：黄巾军起义一定会闹大，与朝廷必有一场大的争斗，汉王朝即将走向灭亡，我辈崛起正逢其时。

审时度势的刘备，看准机会，便不再犹豫，毅然选择了起兵。他招兵买马，打造兵器，招募乡勇，征讨黄巾军。选择起兵，单独发展自己的势力反映出了刘备的从容而有远见的眼光，要知道在乱世中依靠他人，势必受他人钳制，是不利于自身发展的。

于是，刘备开始为实现自己的志向储蓄力量。他先是拜郑玄、卢植为师，结识公孙瓒，然后又率领关张等部下跟从校尉邹靖讨伐黄巾军。因为有功劳，刘备被任命为安喜尉，这奠定了他日后逐鹿中原、登上政治舞台的基础。同时，刘备也在利用各种手段为自己创造有利态势，吸引公众注意力，从而提升个人知名度。

真正让刘备崛起的时机是在得到荆州、有了立足之地以后。他之所以要投奔刘表，不仅是因为刘表乃其远房表哥，同为汉室宗亲，更重要的是他看中了荆州。荆州自汉末以来，很少经历战争，因此中原大部分为了逃避战祸的名士都避居于此，经济发展很快，可以说算得上是一个"鱼米之乡"，人人都对此地垂涎三尺。这一根据地的选择充分反映出刘备审时度

势的战略性思维。

正是从这个战略思想出发，刘备十分注意广泛结交名士，招揽人才，屈尊礼贤，三顾草庐访孔明；同时，他体恤百姓，广施仁慈，使民众都知道他"宽仁爱民"，在荆州树立起很高的声誉和深得人心的政治家形象。得益于他对荆州的悉心经营，当曹军南下时，荆州民众有十几万人跟着他撤走，许多荆州士人也先后聚集到他的周围，虽然一时被曹操击败失去了荆州，但后来还是在荆州扎下了根，取得了一块创立霸业的重要基地。

刘备之所以战略运用得非常恰当，这其中固然有诸葛亮的出谋划策，但更重要的是他本人具有审时度势的战略眼光。否则，再好的谋士也不能发挥作用，再好的计策也不会被采纳。

凡事能审时度势地考虑，亦是个人洞察力、决策力、运筹力和前瞻性等综合素质的体现。这些素质高的人在处理事情时，就不会感情用事，一定是在把握住事物发展的本质联系，事先预料到事情的结局后，再依据客观形势、具体条件制定相应的对策着手去做。福田康夫恰是凭借此招，成功坐上日本首相宝座，成为日本宪政史上首次出现的父子首相。

出生于1936年7月的福田康夫，是日本前首相福田赳夫的长子。福田康夫虽然有着显赫的家庭政治背景，但他本人并非一开始就想从政，在当公司职员的时候，福田康夫就把自己当成是公司的普通一员。据当时的同事回忆说，福田康夫看事物视

第7章
放下杂念，奋斗人生路要有非凡的判断力和决策力

野开阔，学习认真，不做表面文章，实实在在做事，让人感到放心。就这样，他在公司一干就是17年，从一般的职员干到石油进口科长。在公司工作培养了福田康夫从容、务实的精神和审时度势、正确判断复杂事物的能力，为以后从政奠定了良好的基础。

1976年，福田康夫成为父亲的秘书，1977年升为首相秘书官，1990年2月当选众议员，时年53岁。而他在政治上真正发迹则得力于前首相森喜朗和小泉纯一郎的提拔。2000年，时任首相的森喜朗力排众议，任命名气不大的福田康夫为官房长官，2001年小泉上台后，福田康夫连任官房长官，直到2004年。福田康夫自称是"辩白长官"，但实际上他是"外交通"，因此被人称为"影子外相"。田中真纪子当外相时与外务省官僚矛盾重重，外务省干部经常倾听福田康夫的意见；川口顺子作为民间人士入阁担任外相时，福田康夫经常分担川口的工作。福田康夫作为官房长官经常与大臣协调工作，而他从容、出色的才能便逐渐展现出来。

2006年下半年，小泉确定9月下台，党内公认福田康夫是安倍最有力的竞争对手，但他在讲演中说，"从来没有想当首相的想法，人们说政治家都想当首相，但也有不想当首相的人"；后来又说，"自己年龄大了，这么重要的工作，这个年纪还能做吗？"安倍上台后，有人问福田康夫是否还会出山，他回答说，"除非风云突变"。就在安倍突然辞职，麻生太郎

认为自己接班几成定局的情况下,福田康夫杀将出来,理由是作为政治家没有逃跑的理由。最终在除麻生派之外的所有派阀支持下,福田康夫击败麻生成为了自民党总裁。

福田康夫最终成为首相反映出他做事善于审时度势,该出手时才出手,这样便能确保最终成功。这也说明无论做什么事情,只要你有机变如神的计谋,遇事能从容面对,肯定会有更大的成就。

所以成功最重要的因素,是选择时机,把握时机,审时度势,认清时务,乘势而为,从容处之。要知道任何成功的机遇都来自你对时代潮流和形势的判断和识别,并且能顺势而上,从容、当机立断地顺藤摸瓜。所谓识时务者为俊杰,确为千古名言!

理智应对,化危难于无形

险境中的从容心态,让人举止若定、临危不乱,更能助人成功脱险,走稳人生的每一段旅程。

人世间,没有任何一种姿态能与"从容"相提并论,没有任何一种态度能与"从容"同日而语,没有任何一种思想能与"从容"比肩媲美。从容的人,不会因外界的风声鹤唳而瑟瑟

第7章
放下杂念，奋斗人生路要有非凡的判断力和决策力

发抖，不会因世俗的得失而锱铢必较，不会因身体的顿挫不适而万念俱灰，不会因生命的瞬间飘逝而惆怅莫名。

从容的人能够洞察一切，尤其是在险境中，他们能稳定心绪，镇定自如，坦然地接受、面对，让自己清醒地做出决断，破茧而出，险中求胜，收获人生中的硕果。

转业后到郑州市公安局治安支队工作的刘成俊，当了一名排爆民警。一年夏天，几位年长的村民围着几个锈迹斑斑的"铁疙瘩"议论说看着像炸弹。警方经过初步核实，在这个镇上发现了50余枚解放战争时期遗留下来的随时都有可能爆炸的废旧燃烧弹、手榴弹及手雷等危爆物品。这个消息犹如一声惊雷，迅速在镇上传开了。

险境之中，刘成俊主动请缨，套上防爆服，认真观察了这些危险品，并从容地做出排爆战略，与战友们冒着高温和生命危险苦战3小时，终于将危险全部排除，成功把危爆物品引爆销毁。"当时地温比较高，燃烧弹磷的比重较大，燃点低，达到39摄氏度就会自燃。乡亲们目睹那惊心动魄的场面后，听说爆炸物品被成功销毁引爆，都不约而同拎着整篮的鸡蛋、水果来感谢我们！"谈及当时的经历，刘成俊记忆犹新。"干我们排爆民警这一行，最大的危险就是，你必须站在离炸弹最近的地方，这意味着什么，大家心里面都清楚。所以说，我们必须先制定排除策略，与死神赛跑，而且一定要赢！"刘成俊说。

还有一次，一个工具商店工作人员在上班时，突然发现空

调外机内侧有一个带有引线的用塑料袋包裹的可疑物体，疑似爆炸物。经辨认，警方确定可疑物为自制爆炸装置，刘成俊与同事们带着炸弹探测仪等专业拆弹工具赶到现场，进行检测。刘成俊把手伸向了不明物体，并把手指小心翼翼地伸向引线，警戒区外围观的群众都屏住了呼吸，许多群众更是不自觉地往后挪起了脚步，现场的气氛十分紧张。

经过细心检查，刘成俊与同事认定，这是自制的拉拔式爆炸装置，如果拉动引线，就会引起炸弹爆炸，由于从外观上无法判断炸弹是否有雷管，炸弹可能具有很强的危险性，需要立即排爆。了解这些情况后，为从容地解除危险，保证围观群众的安全，刘成俊指挥现场10余位民警随即再次扩大了封锁范围。一剪子，两剪子……伴着拆弹专家手部的动作，围观人群中发出阵阵惊呼。5分钟后，炸弹中的黑火药被倒在铺在地上的报纸上。刘成俊的手离开炸弹，宣布炸弹被拆除。

"身为排爆警察，我干的就是这样的工作，越是危险时刻，我们越得从容对待，确保排爆万无一失。"说起排爆经历，刘成俊说："从事排爆工作的人员首先必须有奉献精神，这是最基本的；其次需要有高超的技术，才能保证万无一失；再次心理素质要特别好，要从容，不能怯场；最后要有科学的态度，与时俱进，不断提高业务技能。"

正是这种从容的态度，让刘成俊在执行这些危险重重的排爆任务时，能化险为夷，并多次赢得"市安全生产先进工作

第7章
放下杂念，奋斗人生路要有非凡的判断力和决策力

者"称号。

同是面对险境，为革命一腔热血的俞作豫，凭借着临危不惧、镇定从容的勇气得以脱险，继续为共产主义理想"抛头颅、洒热血"。

1930年2月1日，李明瑞、俞作豫根据右江前委指示在龙州举行了起义，成立中国红军第八军，李明瑞为红军第七、第八军总指挥。邓小平兼红八军政委，红八军下辖两个纵队，军长俞作豫，政治部主任何世昌（兼红八军军委书记），同时宣布左江革命委员会成立，王逸任主席。

俞作豫接着挥师追剿叛军，打击反动地主武装，发动工农驱走法国领事，击毁侵我领空的法国飞机。3月20日，敌人突然袭击龙州，敌众我寡，斗争失利。俞作豫突围后，继续受到敌人追击，在俞家舍两次险些被捕。第一次，敌人探知情况到俞家舍追捕他，敌人已从左侧楼梯冲上去，他临危不惧，镇定自若，头戴斗笠，手提菜篮，乔装打扮，从右侧楼梯从容而下得以脱险。第二次，敌人抓捕他时，大批武装包围了俞家舍，紧急关头，他勇敢地从楼顶天棚跳到隔壁的窦氏行馆再次逃离魔爪。

俞家舍已无法藏身，于是他准备出走香港。此时他想看看体弱多病的老母亲，因父亲刚去世不久，俞作豫又由于忙着龙州起义的工作而一直未能回家。他欲见其母又怕母亲悲伤，挽留儿子不放，只好回到自家屋旁的祠堂横屋小阁楼上，从小窗

看母亲放鸭子，路过楼外小路时，默默含泪望着母亲的身影告别，当晚就匆匆取道去了香港。

面对敌人近在咫尺的危险状况，俞作豫始终保持着处变不惊、临危不乱的从容心态，如此他才得以成功脱险，继续与敌人周旋作战。人生之路并不平坦，我们难免会经历种种的曲折、艰难、困苦。面对险境，用从容的心态去选择和看待，才能不动声色，摆脱困境。

险境中的从容心态，如傲松之于严冬，"大雪压青松，青松挺且直"；险境中的从容心态，如义士之于刑枷，"我自横刀向天笑，去留肝胆两昆仑"；险境中的从容心态，如智者之于声色利诱，"淡泊以明志，宁静以致远"；险境中的从容心态，如战士之于战场，"粉身碎骨浑不怕，要留清白在人间"……

有勇气，才能成大器

奋斗之路，少有平坦，更多的是坎坷；少有美妙的乐曲，更多的是沉重的音符；少有朗声大笑，更多的是眼泪心酸……唯有勇气才能使你逾越一切障碍，终成大器！

勇气是我们每个人心灵深处的灯塔，能照亮我们前行的航线；勇气是黎明时分从地平线冉冉升起的朝阳，能给我们无限的力量和激情；勇气是指引我们实现理想的航标，能带领我们去拼搏创造，力争成功。

在实现自己人生追求的道路上遇到荆棘、阻碍是在所难免的，就像蝴蝶不经历那破蛹前的痛苦挣扎，便无法在天空自由飞翔一样。在这条充满艰辛的道路上，有些人会因困难重重而意志消沉，一蹶不振；有些人会因荆棘遍野、迷失方向而逐渐退缩、半途而废；也有些人依然会鼓足勇气、奋勇向前，因为他们心怀执念，想看到"柳暗花明又一村"的美景。只有勇敢地坚持下去才会越过那重重的困难，体会到"会当凌绝顶，一览众山小"的美妙！

我国在戈壁滩上进行第一颗中近程火箭的试验发射时，发射计划几番推迟。由于天气炎热，推进剂的温度过高，密度随之变小，总重量也就变小了。经过计算，火箭的射程不够，达不到落区，整个测量设备都不能工作，发射工作因此受阻。为了解决这个问题，许多专家都考虑到多加推进剂，但由于燃料贮箱有限，推进剂实际加不进去了。

就在大家绞尽脑汁想办法时，一个高个子年轻人站起来说："火箭发射时推进剂温度过高，密度就要变小，发动机的节流特性也要随之变化，经过计算，要是从火箭体内泄出六百公斤燃料，这枚火箭就会命中目标。"大家的目光一下子聚集在年轻人的脸上，他就是在座军衔最低的一名中尉。面对年轻人的建议，立刻就有人进行反驳："本来火箭射程就不够，你还要往外泄？"于是，再没有人理睬他。中尉没有放弃自己的主张，他想起了坐镇酒泉发射场的技术总指挥钱学森。临发射前，他鼓起勇气走进钱学森的宿舍。

在耐心细致地倾听这位中尉的解释之后，钱学森决定采纳他的建议。果然，火箭泄出一些推进剂后，射程变远了，连打三发，发发命中目标。而这一颗中近程火箭的成功发射，标志着中国运载火箭取得了关键性的突破。那名年轻的中尉就是王永志，后来的中国载人航天工程总设计师、2003年度国家最高科学技术奖得主。

王永志之所以能成大器，自然离不开他个人的天赋与努力、钱学森的指点与提携，但这其中最重要的是他过人的勇气。正是他所拥有的了不起的勇气，才使他从强手如林的科技人员中脱颖而出，创造性地实现了我国运载火箭的突破，在航空研究史上刻下了自己的名字！

正如王勃诗云："老当益壮，宁移白首之心；穷且益坚，不坠青云之志。"在遇到那丛丛荆棘时，若是我们能鼓起勇气，直面挫折，从容地擦去额上的汗珠，轻松地拭去眼中的泪，继续昂首前进，你势必会看到蓝蓝的天空，白白的云朵，和属于自己的美丽彩虹。星怡正是因为能直面自己的不足，勇敢地推荐自己，才得到了上司的认可，成为华尔街令人尊敬的女强人。

第7章
放下杂念，奋斗人生路要有非凡的判断力和决策力

星怡经过刻苦攻读取得了华盛顿大学中文系博士文凭。一天，她在翻阅《纽约时报》时看到了某大公司的招聘广告：要求求职者有商学院学位；至少三年的金融或银行工作经验；能开辟亚洲地区业务。虽然自己的条件并不符合要求，但星怡还是很快整理好个人资料给这家公司寄了过去。

此后，星怡坚持每天主动与这家公司联系，以致公司人事部门一听到是她的声音，便想着各种理由婉拒。但她并没有灰心，仍然想办法通过各种渠道与对方联系。最后，星怡鼓起勇气拨通了这家公司总裁的电话。星怡在电话里坦言："我没有商学院学位，也没有在金融业的工作经验，但我有文学博士学位，而文学就是人学，长期的文学熏陶使我非常善解人意。我是一位女性，在读书期间，遇到了许多歧视和困难，但我不仅没有退缩，反而鼓起勇气，变得更加坚强。基于我拥有的优点，我相信贵公司会为我提供一个施展才华的平台。如果贵公司感觉在我身上投资风险太大，可以暂时不付我佣金。"总裁最终被星怡所打动，让她来公司参加面试。

经过严格筛选，星怡从数百人中脱颖而出，成了面试中唯一的胜利者。这个结果出乎很多人的意料。事后，总裁告诉星怡："我们之所以选用你，是因为你是一个不会向生活和命运妥协的人，一个有勇气面对自己不足的人。知识不懂可以学，可人的性格是与生俱来很难改变的。"

如今，在商界打拼数年的星怡在华尔街创建了自己的公

司，有了属于自己的天下。

面对自己毫无优势可言的招聘条件及看似无望的面试，星怡没有气馁，而是鼓起勇气给公司总裁打电话，坦诚诉说自己的不足，并及时、恰当地表现出自己的优势。这惊人的勇气为星怡赢得了涉世之初的工作机会，也是她成就事业、创造辉煌人生的奠基石。

诚如上面这位总裁所说，真正的勇气是人的一种性格，是人的精神、人格、智慧的结晶。拥有了勇气，我们就能独自越过险峻陡峭的高山；拥有了勇气，我们就敢于面对自己的不足，敢于挑战生活的磨难；拥有了勇气，我们就能成为命运的主人，始终扬起成功的信念，最终成就不凡的自己！

有胆有识，你就具备了成功的品质

胆识，是人们勇敢而从容地承受生活中一切艰辛的根基，是人们赢得成功的重要资本。

成功是每个人的渴望，而其实每个人都是具有成功的潜能的，人与人之间并没有多大差别，但生活中成功者往往却是少数，为何呢？不少人从不同角度做出了解释：或说成功靠恒心，或说成功靠信念，或说成功靠机遇，或说成功靠心态……

而我们要说的是：造成这一巨大差距的秘密是"胆识"，胆识是成就你显赫声名、卓越伟业的必不可少的资本。

有这样一句话说得好：你的胆识就是你真正的主人，胆识的大小决定了你事业的大小。一个人有胆识，其外在表现就是从容、强势、果断、冒险。人有胆识才能从容，从容才敢于冒险，才敢作敢为，而不是畏首畏尾、瞻前顾后，才能成就不凡的事业。王逡就是用他的胆识在涉世之初获得了认可，从而在事业上扶摇直上。

大学毕业后，王逡幸运地进了一家大公司，并被总部派到分公司负责财务工作。一天，财务部电话响了半天，王逡过去接，电话那头是个中年男子，听到他的声音劈头就问："你是哪位？"王逡很纳闷，于是问道："请问先生，您找哪位？"对方好像很急，说："你是新来的吧，态度不好呀！"王逡一听奇怪了，反驳道："先生，您打电话当然要说找哪位，您怎么能开口就问别人是谁呢？"不等他说完，对方就挂断了电话。

没过多久，总经理带着几个部门负责人来分公司做市场调研，并与员工们一起开座谈会。座谈会主要讨论消费者投诉产品说明书不够明晰、用语不标准，从而影响阅读的问题。分公司经理和几个业务人员都提了一些意见，但都不痛不痒。轮到王逡时，老总看了他一眼，笑了笑，问："你是新来的？上次我打电话是你接的吧？当时我有点急事，所以用语不很标准，

请你原谅！"王逡忙站起来道歉，说真的不知道电话那边就是总经理。总经理摆摆手："没事，本来就是我不对，你也可以发表一下对说明书的看法呀。"事已至此，王逡大胆直言，就把自己对产品说明书的看法和盘托出，说的过程中王逡似乎感觉到分公司经理碰了一下他的腿，但王逡没在意，一口气说完，老总一直带着微笑看着王逡，不时点头。散会后，分公司经理把王逡拉到一旁，说："很多事情你不知道，不要乱说嘛。你知道说明书是谁写的？是老总夫人呀！"王逡一听头大了，心想真是祸不单行，等着被炒吧。

果然，没过多久，人力资源部下达了通知，不过不是被炒，而是把王逡调到总部审计部任分支机构财务审计。办了入职手续后，人事部经理笑着走过来，拍拍王逡的肩说："王逡，好好干，老总很欣赏你的胆识呀，说你有一种初生牛犊不怕虎的从容和勇敢啊，不要辜负老总的希望啊。"几年后，王逡就升职为审计部副部长，成为公司年轻有为的学习榜样。

正所谓"人生难得几回搏"，一个人的生命只有一次，所以我们要好好珍惜自己的美好理想，并勇于用胆识来实现它。但我们的胆识并不是与生俱来的，也不是凭空妄想获得的，而是在社会实践中通过意识和潜意识的作用逐渐培养出来的。如果你渴望获得事业上的巨大成功、体现自己的人生价值，那就必须向蔡衍明学习，并从现在开始，积极培养自己的胆识，尽全力一步一个脚印地向自己的终极目标奋进!

　　旺旺集团老总蔡衍明出生于台北富贵家庭。19岁时,高中毕业的他主动请战去到父亲的宜兰食品厂当总经理。当年,宜兰食品厂只是一家生产外来品牌的食品加工厂,并不具有自主品牌的产品。蔡衍明总觉得做贴牌生产是要看别人的脸色,仅凭这一点就不是蔡衍明行为处事的一贯作风,于是他决定生产自己品牌的产品,并开始生产起了"浪味鱿鱼丝",结果因不了解行情遭遇惨败。凡事要强的蔡衍明无法承受这样的打击,为了挽回自己的颜面与自尊,蔡衍明自动收敛起以往招摇的形象,刻苦寻求东山再起的时机。上天总是会眷顾有胆识、不断在实践中总结经验的人,三年后,机会终于开始向他招手。

　　为了创出自己的品牌,蔡衍明了解到台湾的稻米资源一直是处于过剩状态,多出来的稻米可以加工成附加值较高的副食品——米果,这个想法一旦形成于蔡衍明的脑中,就立马成为了他向前直冲的动力。于是,他便开始盘算着从日本引进生产米果的技术。在获得日本三大米果厂之一的岩冢制提供的技术支持后,蔡衍明很快就趁势推出了旺旺产品,并迅速占据了台湾米果市场老大的地位。而如今,旺旺食品更是成为家喻户晓的品牌。

　　蔡衍明的成功向我们说明:成功需要一种敢于他人先的胆识。这种胆识的获得归功于我们在实践中不断总结经验教训,找到自己的不足，并能通过学习不断提升自己、超越自己，如此，才能走出失败的阴影，突破眼前的障碍，做好十足的准备，从容迎接未来的挑战，尽情发挥自己的才能。

我们每个人走向成功的过程都如同一条奔腾不息、绵绵不绝的河流，永远不会停留在某一个地方、某一个阶段，也不能停留在某一个时刻、某一个状态，只有不断地前进、不断地超越，才能到达胜利的彼岸。而胆识正是促使我们实现这种超越、成就一切雄心壮志的资本！

越是淡定从容，越是能化腐朽为神奇

在任何场合，尤其是危急时分，如果能够保持从容不迫、镇定自若的态度，那么，什么事情都能应付自如，什么奇迹都可能发生。

世事纷争，变幻莫测，我们若是整天陷在这无常的世事中无法自拔，便很容易迷失自我，浑浑噩噩，失去做人的价值和本性。谁愿意如此济济无名地了此一生呢？

人生在世的意义就在于争取到最大的自主权、拥有自己的主意和思想，其中最关键的正是练就镇定的处世态度。一个人如能够在大事中不糊涂、紧要关头不慌张，就能以变应变，随

第7章
放下杂念，奋斗人生路要有非凡的判断力和决策力

时准备好捕捉和发掘新机会，思考出应对的妙招，如愿脱困。

在汶川地震发生后，国务院总理温家宝在飞往四川地震灾区的专机上颇含深情地说："同胞们，同志们，在灾害面前，最重要的是镇定……"他告诉国人，在突如其来的特别重大地震灾害面前，广大人民群众一定要不慌不乱，沉着应战，以中国人民特有的智慧战胜这场地震灾害。

温总理亲自指挥、国务院在第一时间内迅速作出重大部署，从地方党委领导急而不乱到基层组织群众正确避灾，从中央领导火速赶往灾区到普通民众自救互救，从军队调兵遣将火速奔赴救灾第一线……所有这些，都显示出了中国人民在自然灾害面前所特有的镇定。

"在紧要关头面前，镇定尤为重要。镇定，考验各级党和政府应对突发情况的决策指挥，考验各级领导干部在灾害面前的能力水平，考验广大群众的心理素质和国民素质。这次地震波及大半个中国，地区范围之广，损害程度之大，是唐山大地震以来，中国最大的一次地震。"温总理说，"应对重大灾害，特别需要人民最大的'镇定'，需要各级党委、政府正确决策，科学指挥，把人民群众的生命财产损失降到最低。面对重大灾情，切不可乱了手脚，乱了阵脚，既要迅速全面、精确了解灾情，又要科学分析，合理分工，统筹计划，忙而不乱，以最快的速度投入抗震救灾中去。"

此外，温总理还强调"只有保持自身的镇定，各级领导干

部才能坚持一切想着人民,一切为了人民,一切为人民的利益而工作,站在抗震救灾第一线,身先士卒,发扬不怕牺牲、不怕疲劳、连续作战的作风,头脑清醒地正确组织救援;只有保持自身的镇定,广大人民群众才能冷静应对失去亲人的沉痛,展现中国人特有的坚强,迅速开展自救,想方设法挽救更多人的性命;只有保持自身的镇定,才能实现全国人民大团结,不乱传播谣言,相信权威信息,遵守社会秩序,万众一心,众志成城,团结一致,在大灾面前,展示中华民族的伟大力量!"

面对突如其来的特大地震灾难,温总理镇定自若。因为他懂得,不能慌,慌则无法思考应对的方法,如果他慌了,百姓们将会更没有主见,国家将遭遇更严重的损失。

在司马懿十五万大军压境的紧要关头,诸葛亮用他的镇定保住了所在的城池,挽救了士兵们的生命,成就了传颂千秋的佳话。

诸葛亮因错用马谡而失掉战略要地——街亭,司马懿乘势引大军十五万向诸葛亮所在的西城蜂拥而来。当时,诸葛亮身边没有大将,只有一班文官,所带领的五千军队,也有一半运粮草去了,只剩2500名老弱残兵在城里。

众人听到司马懿带兵前来的消息都大惊失色。在这紧要关头,诸葛亮登城楼观望后,对众人说:"请大家镇定,不要惊慌,我略用计策,便可教司马懿退兵。"于是,诸葛亮传令,

第7章
放下杂念，奋斗人生路要有非凡的判断力和决策力

把所有的旌旗都藏起来，士兵原地不动，如果有私自外出以及大声喧哗的，立即斩首。又叫士兵把四个城门打开，每个城门之上派20名士兵扮成百姓模样，洒水扫街。诸葛亮自己披上鹤氅，戴上高高的纶巾，领着两个小书童，带上一张琴，到城上望敌楼前凭栏坐下，燃起香，然后慢慢弹起琴来。司马懿的先头部队到达城下，见了这种气势，都不敢轻易入城，便急忙返回报告司马懿。

司马懿听后，笑着说："这怎么可能呢？"于是便令三军停下，自己飞马前去观看。离城不远，他果然看见诸葛亮端坐在城楼上，笑容可掬，神态镇定，正在焚香弹琴。左面一个书童，手捧宝剑；右面也有一个书童，手里拿着拂尘。城门里外，20多个百姓模样的人在低头洒扫，旁若无人。

司马懿看后，疑惑不已，便来到中军，令后军充作前军，前军作后军撤退。他的二子司马昭说："莫非是诸葛亮家中无兵，所以故意弄出这个样子来？父亲您为什么要退兵呢？"司马懿说："诸葛亮一生谨慎，不曾冒险。现在城门大开，里面必有埋伏，我军如果进去，正好中了他们的计。还是快快撤退吧！"于是各路兵马都退了回去。诸葛亮就这样安然守住了城池。

在战争的紧急关头和敌强我弱的情况下，诸葛亮的镇定使司马懿疑中生疑，怕中埋伏，从而排解了这一危难。

诚然，镇定也不是生来就有的，一个镇定的人一定要经

过诸多繁复纷纭的考验,才能够练成"金刚不坏之身":不为外物所扰,不受环境所牵连,能够在纷纭中保持坚定不移的自我,从容对待名利地位和艰难处境。唯有如此,才能掌握自己的方向,百炼成钢,坚不可摧,干出一番事业来。

第8章 运筹帷幄,放下是进退之间的明智选择

从容意味着做人要有一种积极进取的心态,意味着对任何事情都不要轻言放弃,意味着善于规划才能准确把握事物发展进程。当繁杂事情消耗你的激情、快乐甚至健康时,你要学会在其中进退自如,给自己营造一份从容的生活,从各种困扰的情境中解脱出来。进退从容,取舍有道,我们才会拥有更精彩的成功。殊不知,放弃一片绿叶,我们或许就能得到整个春天,许多看似山穷水尽的地方,往往会蕴含着柳暗花明的绝妙景致!

人无远虑，必有近忧

做事要想得长远一些，对事物应始终抱有忧患之心，切不可把事情想得过于美好而沉浸其中，否则，忧患就会不期而至。

子曰："人无远虑，必有近忧"，这体现了一种强烈的忧患意识，但我们看到的更多是毫无忧患意识、目光短浅的深刻教训：如狗熊为了坑里的苹果纵身一跃，也许它想不到禁锢于此、无法动弹的痛苦；麻雀低头觅食而走进装满谷粒的网套，也许它想不到自己很快就将沦为桌上的美味；鱼儿得意地咬住钩上的美食，也许它想不到下一秒自己将丧失性命……

这些没有忧患意识的悲剧在人类历史上比比皆是，翻开史册，"螳螂捕蝉，黄雀在后""早知如此，何必当初"的感叹不绝于耳。李自成人亡政息的历史教训正是对此的最好诠释。

明崇祯三年，李自成揭竿而起，九年后自称闯王，率部活动于陕、甘、川一带。十一年，与明军战于潼关原，大败，率部败走商洛山中。走汉南，次年进入巴东。十三年夏，有一位名叫李岩的举人投奔到李自成麾下，向他建议："欲取天下，以人心为本，请勿杀人，以收天下心。"

李自成采纳了他的建议，提出"均田免粮""平买平卖""不淫妇女""不杀无辜，不掠赀财"等口号，饥民从者数十万，兵势日益强盛。十四年克洛阳，杀福王朱常洵，开仓赈饥。十六年改襄阳为襄京，称新顺王，设内阁六府。十七年正月乘胜进占西安，定国号为大顺，年号永昌。

李自成的义军一路上"散财赈贫，发粟赈饥"，不到两个月，就从西安打到北京。大顺军入城时，李自成拔箭去簇，向后连发三矢，严令入城部队说："军兵入城，有敢伤一人者斩"，并且贴出布告："大师临城，秋毫勿犯，敢掠民财者，即磔之。"京城百姓在自家门口立香案、焚香、贴对联，热烈欢迎大顺军。这时的李自成，这时的大顺军，很快就受到了百姓的由衷爱戴。

可惜好景不长，在过短的时期之内获得了过大的成功，这却使李自成部下如刘宗敏之流过分地得意了。李自成进京后的40天里，几十万大军驻屯京城，抢掠民财，尽情享乐，往昔严明的军纪，荡然无存。随后，李自成捉到吴三桂的父亲吴襄，要他给儿子写信劝其归降。吴三桂已经决定归降，但听说刘宗敏对吴襄绑票、抄家，还掠走了吴三桂的爱姬陈圆圆后，一怒之下，投降了清军，力量对比顿时发生了决定性的变化。

此后，在吴三桂与清兵的联合进攻下，李自成竟无还手之力，不久便遭伏击身亡，刚建立不久的大顺朝就这样迅速土崩瓦解了。

说起来，起义军首领们进京后被胜利冲昏头脑，李自成应该负主要责任，因为他没有"人无远虑，必有近忧"的忧患意识。对于时刻在关外窥伺的清军，以及镇守山海关的吴三桂率领的明军，李自成根本就没有重视，而是沉浸在夜郎自大的幻想中。

一个人如果没有一定的忧患意识，就难以预测风险、难以承担责任，因为我们生活的环境并不是处处歌舞升平、莺歌燕舞，时时阳光明媚、鸟语花香的，要知道平静的海面下一定有暗礁，温暖的阳光背后一定有乌云。陈天桥之所以有今天的地位和成就，也和他的忧患意识密切相关。在追逐互联网梦想的创业路上，拿下了"盛大"的"辽沈战役"最能体现陈天桥的这种精神。

陈天桥用50万元的启动资金，组建了"上海盛大网络发展有限公司"，创办了一个以动画、卡通为主的网站，并开辟了"天堂归谷"的虚拟社区。让陈天桥意想不到的是，在短短几个月中网站竟拥有了100万左右的注册用户，还收获了来自上市网站中华网的第一桶金——300万美元。但好景不长，2000年，互联网产业的寒冬袭来。

中华网与陈天桥分手，按股份只留给他30万美元，而"盛

第8章
运筹帷幄，放下是进退之间的明智选择

大"也在那个冬天跌入了"冰点"，被迫裁员节支。也许连陈天桥自己也没料到，韩国的网络游戏《传奇》为"盛大"带来了新一季的春风。那时，网络游戏在中国刚刚兴起，陈天桥从韩国公司Actoz处以当时的天价，拿下了《传奇》的海外代理权。在旁人看来，这无疑是赌博，但陈天桥知道他能凭此渡过危难。

当陈天桥把当时最后的30万美元全部投进韩国公司的口袋后，他说："合同签完后，我就没钱了。"如履薄冰的陈天桥仰仗着智慧与强烈的忧患意识，闯出了生机。在《传奇》开始游戏测试的最初几个月里，陈天桥每天都投入大量时间做客户服务，在线回答客户提出的问题。一个月后，游戏同时在线的人数迅速突破40万大关，投资全部收回。

陈天桥胜利了，但当他刚以为自己安然度过了这场生死玄关时，危机又一次紧随而来。依照国内的网络游戏市场的模式，"盛大"只持有《传奇》的代理权，负责游戏的运营业务，至于市场销售，则由另一家公司负责。随着《传奇》出乎意料的火爆，"盛大"和这家公司的关系破裂，陈天桥开始意识到"盛大"的被动。于是，他把眼光投向了当时不被注意的网吧这一销售渠道。"盛大"相继与各地的网吧协会取得联系，许多城市的网吧成了"盛大"的合作伙伴。

另辟蹊径的"盛大"，坐上了中国网络游戏运营的头把交椅。几经坎坷，取得了这一场被陈天桥称作"'盛大'的辽沈

战役"的胜利后,"盛大网络"从最初的动漫社区,蜕变成为一家网络游戏运营商。

谈到自己的创业时,陈天桥感言:"忧患意识是一支清醒剂,'盛大'的开始是抓住了'机',过程是解决'危',而在危机的不断解决中,又创造了新的'机',从而不断茁壮起来。"的确,远虑与近忧就是这样相伴相行的。唯有目光长远者才能在人生路上少走弯路,才能从容地面对各种危机。

对我们而言,"人无远虑,必有近忧"的忧患意识是我们的一种人生智慧、人生态度和处世方法。它源于我们对人生前景中不确定事物的焦虑感和紧迫感,而后迫使我们通过对未来、未知事物的预测来更加理性地把握自己的发展方向和道路,从而增强我们从容面对各种可能遭遇的困难或挫折的能力。

有一句哲言说:人的眼睛之所以长在前面就是为了让人向前看向远处看。这正说明:"人无远虑,必有近忧",放眼长远,我们才能谨慎地对待自己的前程,稳扎稳打地走好每一步,从容地制定自己的人生规划,尽收一切美景!

运筹帷幄,要有高屋建瓴的眼光

从容者有一种高瞻远瞩、运筹帷幄的视野,那是"会当凌绝顶，一览众山小"的精彩，是"天生我材必有用，千金散尽还复来"的自信。

古往今来，唯有高瞻远瞩、运筹帷幄者，才能拥有远见卓识，对自己所从事的事业做到全面掌控。在攻克项羽之后论功行赏时，萧何虽不曾奔赴前线，不曾浴血奋战，但却被刘邦封为头号功臣，这恰恰是他运筹帷幄的重要体现；秋风怒号，只有冷似铁的布衾的杜甫，却看到了天下寒士的艰苦，"安得广厦千万间"的理想成就了这位爱国诗人的无悔生命；岳阳大关，范仲淹望穿美景，怀着"宠辱皆忘"的胸襟，看透自己，融入祖国，发出"先天下之忧而忧，后天下之乐而乐"的感叹。

高瞻远瞩、运筹帷幄，这便是从容者的视野。唯有如此，我们才能够在自己的领域里得心应手，游刃有余；对各种细节了如指掌，百战不殆；面对未来的局势，洞若观火，了然于胸。三国时曹操能大破关中军正得益于他运筹帷幄的军事指挥。

建安十六年，以骁将马超、韩遂为首的十部联军，聚集十余万人马，据守潼关抗曹。曹操高瞻远瞩，运筹帷幄，于是八月，亲统大军进抵潼关，两军夹关对峙。为诱使关中军集中于潼关，造成河西空虚，曹操率兵从正面佯攻潼关，同时令将军徐晃、朱灵率4000精兵，从蒲坂津乘虚渡过黄河，建立了桥头阵地。闰八月，曹军从此渡河，曹操自领卫队百余人断后，马超率步骑兵万余人追击而来，曹军处境十分危急。曹操部下校尉丁斐放出大批牛马，马超军争相取马，曹操遂在卫将许褚掩护下渡过黄河。尔后沿河岸立栅，为甬道南进。马超退守渭口。

待到九月，西北气候已相当寒冷，曹操用娄圭之谋，夜渡渭水，聚沙灌水，一夜之间冻冰为垒，架起浮桥，曹军全部渡至渭南。曹操料马超必来夜袭攻营，于是预设埋伏，击败马超军。马超受挫，提出划河为界的议和条件，被曹操拒绝。马超多次前来挑战，曹操坚守不出，使马超欲急战速胜不得，再次提出划地为界的要求。这时，曹操采纳谋士贾诩的计谋，表面上假意应允，麻痹对方，实际积极准备，伺机歼敌。曹操利用过去与韩遂的友谊，故意在两军阵前和他叙旧；又故意涂改给韩遂的书信，使之落到马超手里，引起马超的疑忌，促使他们内部矛盾激化。

曹操视时机成熟，主动对关中军发起进攻。先以轻装骑兵向马超挑战，以机动战法与之周旋，俟其疲惫，将马超等诱入伏击地域，然后出动精锐重装骑兵由两翼夹击，遂大破关中军，斩成宜、李堪等。马超、韩遂逃往凉州。

在这场战争中，曹操采纳贾诩的建议，运筹帷幄，亲自上演了离间马超、韩遂的精彩戏码。如若没有此离间之计，在两军最后决战时，曹军要想从容地击溃联军还是非常困难的。

第8章
运筹帷幄，放下是进退之间的明智选择

优秀的管理人才也能够运筹帷幄，从容带领团队突破自身，开创事业上的又一片天空。明巍正是这样一位从容的管理人才。

技术出身的明巍在参加了互联网培训班后，当即决定"就做互联网买卖"。随后，他注册了自己的公司。为了让用户了解互联网，明巍做了一个大胆的尝试，主动与数据通信局合作，在外国人、白领聚集区建立一个Internet电子咖啡屋。

没想到这个想法立即引起了轰动，10多台上网电脑被前来试用的中外用户围得水泄不通。有的用户通过互联网与远在国外的朋友取得联系，有即将出国的大学生通过互联网向美国大学发入学申请……技术出身的明巍打了一张绝妙的营销牌。就这样，在办公室运筹帷幄的明巍声名鹊起。

就在明巍享受着成功的喜悦，抖擞精神准备下一轮冲刺时，互联网泡沫开始破灭了，倒闭的网络公司不计其数。整个市场大环境的变化让明巍不得不重新思索公司的发展方向。明巍决定全力扭转公司困局，几个月的时间里他一直在思索一个问题：究竟怎样才能建立企业的核心竞争力？

思考后，明巍意识到，公司虽然一直在做互联网相关业务，但是一直没有一个可持续发展的支柱业务。在对市场需求进行了认真分析后，明巍率领他的团队推出了自己的门户及内容管理软件，正式把企业的定位确定为专业的门户及内容管理软件供应商。从此以后，公司开始迈入稳健的上升之路。商

海多年的奋斗，明巍画出了一个运筹帷幄、潇洒从容的事业之图，让自己变成了一个成熟睿智的企业家。

当明巍谈起对于这些年的感悟时，他沉思片刻，非常真诚地说："一切失败和伤痛都是成长的必然，坚持，不放弃，运筹帷幄，一切难关都可以过去。公司如果要继续稳健地走下去，关键就在管理方面，我们要靠积极的企业文化和运筹帷幄的管理来让公司越来越强。如今，我已经确定了更为长期的发展目标，我相信，有目标，才能运筹帷幄，才能从容地在商海驰骋，不惧怕任何外界的变化和考验，成为真正的强者。"

将高瞻远瞩、运筹帷幄看得至关重要的明巍在公司管理中做到了"运筹帷幄"，并且能从容地带领下属，开创企业发展的良好局面。

高瞻远瞩、运筹帷幄是眺望远方人生美景的望远镜。陶渊明"采菊东篱下，悠然见南山"，静静体味车马喧闹之外的宁静；陆羽静泡香茗，不仅成为后人称颂的一代茶圣，更拼出了那远离尘嚣的淡泊与沉稳；王维竹林弹琴，高雅琴声渲染出了他"君问穷通理，渔歌入浦深"的恬然心境……唯其如此，我们才能放下自己，在浮躁的尘世中从容地遵从自己的内心深处，找到自己最渴望的生活。

在现代这个百卉含英的时代，我们更需要高瞻远瞩、运筹帷幄，如此，我们才能摆脱平庸，不被俗事羁绊，从容地展现自己的智慧。也许今天我们只能收获一片树叶，明天也只能收获一棵小草，但十年、二十年后呢？如果你坚信自己在未来能收获一树的新绿、一山的青葱，那么你必能从容地制定战略，成为最终的胜利者，完成你心中勾画的蓝图！

按计划行事，你的人生路更从容

每个人的生活都是由自己做主的，做好自己的计划，再努力地实行，渐渐你就会发现生活越来越从容、轻松而充实。

古语云"凡事预则立，不预则废"，即做事情有计划，则容易成功；如若没有计划，就容易失败。没有计划地做事如同没有方向感的生活，你永远不知道自己想做的是什么，只会为工作、生活疲于奔命，整天忙个不停，没完没了，整个人绷得紧紧的，一刻也不能放松。

事实上，做事善于计划对于一个人来说，不仅是一种做事的习惯，更重要的是反映了他的做事、做人的态度。纵观那些成功人士，都是善于计划自己人生的高手。他们知道自己要达成哪些目标，并会拟订达成的先后顺序，及如何达成的详细计划。美国历史上伟大的人物富兰克林甚至为如何做人都列有计划，他也正是参照这一计划，一步一步成长为伟大的政治家，堪称"美国人的象征"。

富兰克林小时候家里生活很穷苦，没有条件接受多少教育，但他自幼酷爱读书，并自己偷偷练习写作。12岁前富兰克林在父亲的店铺干活，之后在他哥哥所开的印刷所当学徒，几年后，他就只身偷偷搭船去三百英里以外的纽约开始了自己独立奋斗的历史。

富兰克林回忆童年时说："小时候，父亲曾无数次告诉我们所罗门的一句格言：'如果一个人能够兢兢业业做事，他不会停留在普通人面前，而将被允许站到君主们的面前。'由此我相信，获得名利的手段唯有一个，那就是勤劳。我所做的一切都受这种思想的影响。"可见，富兰克林在童年就重视自身的道德修养，到他22岁的时候，他更是为自己制订了"一个可以使自己道德完善的大胆而艰巨的计划"。

富兰克林在计划中列举出了当时他所认为值得和必须做到的十三种德行，并且在每一个计划下面又加了一句简洁的戒条，清楚表明他对全部条目的应用范围：1.节制：食不可饱，饮不可醉。2.少言：言必有益，避免闲聊。3.秩序：物归其所，事定期限。4.决心：当做必做，持之以恒。5.节俭：当花费才花费，不可浪费。6.勤勉：珍惜光阴，做有用的事。7.坦诚：真诚待人，言行一致。8.公正：害人之事不可做，利人之事多履行。9.中庸：不走极端，容忍为上。10.整洁：衣着整洁，居室干净。11.镇定：临危不乱，处乱不惊。12.节欲：少行房事，爱惜身体，延年益智。13.谦逊：以耶稣、苏格拉底为范。

第8章
运筹帷幄，放下是进退之间的明智选择

富兰克林认为自己一生之所以总有幸运，事业能够成功，受到民众的拥戴，全靠这一修身计划的行动指南："希望我的子孙们能够明白，一直到我目前写此书为止，我的一生之中总有幸运伴随我的左右。而这全靠我的这一行动指南。"

从自己的这个计划中获得了益处的富兰克林，对此评价很高，此外，他还订了一个小册子，按每种德行和实行时间列成表，然后，每天反省，确保自己按计划执行。"在此我要持之以恒。如果上天有灵，命运会喜欢美好的德行，而幸运必定伴随他始终。"富兰克林如是说。

在事业、人生上获得成功的人往往在行动之前，就已经做好了详细的行动计划，安排好了一切所需的事物。鲁冠球就是这样率领万向集团一步一步成为中国第一个为美国通用汽车公司提供零部件的OEM企业。

当鲁冠球的"钱潮牌"万向节取得国内市场的大成功后，鲁冠球并没有满足，他说："单是会赚本国的钱，不算什么本领，有本领，就要去占领国际市场，赚外国人口袋里的钱。"鲁冠球抓住质量、价格，以优质低价，想把"钱潮牌"万向节产品打进国际市场。为此，鲁冠球到处搜集国外万向节的市场信息，寻找一切机会，让"钱潮牌"万向节在外国人面前露面，广交会、泰国评选会、大的小的交易会都参加，200套、300套等小批量都卖。

国际市场竞争是激烈的。鲁冠球和全厂职工憋着一口气，

齐心协力开发出60多个新产品，凭自己的实力打开了日本、意大利、法国、澳大利亚等18个国家和地区的市场。不仅是万向的产品在国际市场上占有了一席之地，万向人在国际市场这个大"课堂"里，也学会了如何提高服务意识和自身素质，同时也使鲁冠球认识到企业要在国际市场站稳脚跟，在竞争中取胜，就必须让企业走出去，在国外设立自己的公司。

设立海外公司的地点选择在美国。鲁冠球认为，一则美国是世界经济强国，其市场辐射面广，只有取胜美国，方能取胜全球；二则美国拥有通用、福特、克来斯勒等代表世界汽车工业发展方向的最大型国际公司，万向的产品要得到国际市场的认可，必须要进入最高领域。经过多方努力，1994年，万向美国公司在美国注册成立。这时鲁冠球为万向美国公司订了三大计划：第一在美国树立万向的形象，把产品打入通用、福特、克莱斯勒等主机配套的领域；第二搜集市场信息，及时反馈给集团，以拓展新的领域；第三优化组合国际资源，尤其是要让国际资本为我所用。

经过这么多年的不懈努力，这三大计划最后都得到了实现。鲁冠球带领万向集团终于叩开了通用公司之门，为其走向世界迈出了坚实而有力的一步。

谈到制订计划的重要性，鲁冠球说："一个人就是一个产业。像我们万向美国公司做什么都有严密的计划，下一步做什么，下个月做什么，明年做什么，5年之后做什么，一看计划就知道了。人也是一样，做事有想法、有意念后，逐一制订计划，据此一步步从容而坚定地执行，方能成功。"

不积跬步，无以至千里；不积小流，无以成江海。为使我们的人生在预定的轨道上前进，我们必须计划好每一天。在新一天来临之际，把自己应如何度过这24小时详细地计划一遍，全天的计划能将我们的注意力集中在"当下"，如此，我们才能发挥自己的最佳能力，脚踏实地地描绘精彩的"未来"！

进退之间，彰显你的从容大气

一时的后退是为了更长远的进步，是为了更广阔的拥有。我们只有进退得宜，才能真正获得心灵的自由与从容。

一个成熟人士应拥有怎样的从容呢？只知获取和收受的人看起来从容，但这样的从容只是小从容，因为他们关心的只是眼前的得失，而不懂得长远发展，更不懂得知进退才能有所斩获。

只有知进退，才有机会获得；只有进退得宜，才能实现进步。"退一步海阔天空"说的便是有退才有进的人生道理。在人生的旅途中，只有懂得这个道理，并清楚如何用这样的道理来指引自己，才能从容地度过一生。

无论是在工作中,还是在生活中,当我们发现前方的道路一片渺茫时,不妨后退一步,直至能清楚地看到前行的道路,并且能从容而勇敢地沿着道路不断迈进。邵逸夫正是在进退间从容地带领邵氏电影走向国际。

邵氏电影首次在影展获奖是1958年的《貂蝉》,当时邵逸夫初到香港,他不但注重提升制作水准,更全力策划影片发行及宣传推广,参加影展则是塑造品牌、传播美誉、增加卖埠的最佳手段。亚洲影展一度成为邵氏、国泰争强斗胜的战场,后来因国泰老板参加金马影展时坠机身亡,国泰影业制作自此一蹶不振,邵氏遂独领风骚。

除了继续在亚洲影展称霸,邵逸夫亦积极进取,谋求东南亚之外的荣誉,譬如参展欧洲三大电影节。但是,因为邵氏参加国际影展的影片皆为展示中国传统文化韵味的古装片,欧美影人观众却认为日本电影更具东方色彩,更愿意把影展大奖颁给黑泽明、小津安二郎之流,相比之下,当年的邵氏或香港电影真的很难出头,若说影展扬威,真的仅限东南亚。

在发动影展攻势失利之后,邵逸夫急流勇退,选择了另一策略——加强业务合作,联合摄制跨国电影,希望先通过合拍的形式进军国外。提起邵氏影片风靡欧美的成功案例,很多影迷都会想起《天下第一拳》曾跻身当年北美十大卖座影片。另外,邵逸夫曾与美国电影公司合作,投资拍摄《银翼杀手》、《地球浩劫》等好莱坞巨片,还代理不少西方影片在亚洲地区的发行和市场推广，进军国际市场的步伐也算雄健。

邵逸夫的从容之处在于他不仅懂电影，且进退得宜，重视中国传统。回首百年，邵氏家族能在影视业领域独领风骚半个世纪，绝非侥幸。

进退得宜，彰显从容和智慧，退却不一定是懦夫的行为，它往往需要更大的勇气和决心；进退得宜，方能明得失，知好歹，学会进退间的取舍，是一种理性与睿智，也是一种清醒与从容。

吴仪是共和国历史上第三位女副总理，三度位列美国《福布斯》世界百强女性风云榜前三名，在十一届全国人大一次会议上宣布正式卸任，淡出政治舞台。她凭借一身正气和睿智，干出了一番令人民满意的业绩，而这些业绩都是在风口浪尖上获得的。无论是担纲中美贸易谈判，还是带领医务人员抗击"非典"，无论是深入农村考察，还是倾听基层代表发言，她都是那么从容不迫，锐意进取，亲民爱民。

在一次考察血吸虫病防治情况时，吴仪刚下到基层就被官员们围住，前呼后拥的。心里装着老百姓的吴仪见状高声喊道："干部们给我退下去，农民朋友们走上来。"这是一个多么感人的声音和举动，与人民的鱼水深情溢于言表。

2007年12月24日，吴仪在北京出席中国国际商会第一次全体会议时，中国贸促会会长邀请其退休后担任该会名誉会长。吴仪双手抱拳，深深施礼："我将在明年'两会'后完全退休。

我这个退休叫'裸退'，在我给中央的报告中明确表态，无论是官方的、半官方的，还是群众性团体，都不再担任任何职务，希望你们完全把我忘记！"多么精彩的"裸退"宣言，多么发人深省的退休告白，多么让人铭刻的心声。在当今官场，相当多的人嘴上说退休，心里却还盘算着如何再谋取一份"利益在先"的"官职"，哪怕是"顾问""会长""董事长"甚至是名义职衔也不嫌弃的情况下，吴仪"裸退"，为进退得宜提供了典范，实在难能可贵。

进退得宜，需要智慧，需要勇气，更需要大气。吴仪的"裸退"无疑是开了先河，也给那些将要退休或者已经退休的官员们上了一堂生动的教育课——求进取，想当官，就要忠实地履行职责，为人民贡献智慧和力量；欲退去，就要回到老百姓中间，不要再贪恋权、位、利，免得有腐败之嫌。

吴仪的从容、大气、进退得宜，堪称为官之人的楷模。吴仪"裸退"了，但是，她的业绩、她的精神、她的声音、她的从容将会继续教育人、鼓舞人、塑造人。

王安石的《雨过偶书》说："谁似浮云知进退，才成霖雨便归山。"要知进退，便要像浮云一样：人们需要雨的时候，便降下甘霖；下过雨后，就立即归山。人也是如此，进退得宜在于对自己和形势的清醒认识，进是对机遇的准确把握，趋利而动，是一种积极的进取精神；退是对客观条件的清楚认识，避害而行，是一种理性的选择。

我们每一个人，从幼稚到成熟都需要一个蜕变的过程，如同蚕蛹要完全蜕去身上厚重的躯壳才能成为振翅高飞、绚丽迷人的花蝴蝶。如果蚕蛹舍不得放弃身上的厚壳，那就不会有后来的绚丽和自由。同样，如果我们不懂得舍弃与退步，那么只能禁锢于眼前的利益，寸步难行，只有进退得宜，我们才能赢得最终的幸福和成功！

突破常规，跳出思维的藩篱

拥有不同的思维方式，突破常规，另辟蹊径，这是成功者的特质之一。

在繁忙的工作和生活中，我们每个人都可能在处理事情的时候遇到思维阻碍。受限于以前的经验，我们的大脑处于思维定式的控制之下，往往很难对事物做出正确的判断、给予正确的评价、采取妥善的行为。但要追求那份进退得当的从容，我们就要摆脱思维定式的束缚。

心理学家说，一个人受思维定式的影响，当同类事情再发生时，思考力和判断力会受到很大的干扰，因此，时常刷新自己的大脑，接受更多、更新的知识，让它不受思维定式的束缚，是我们取得成就的有利因素。

有这样一个测试题，说明了思维定式对大脑的束缚，它会影响我们的判断能力。

一天，在一座茶馆里，一个公安局长正在与一位老人下棋。正下到难分难解之时，跑来一个小孩，小孩着急地对公安局长说：

"别下了，出事了，你爸爸和我爸爸吵起来了！"

"这孩子是你的什么人？"老人问。

公安局长答道："是我的儿子。"

请问：两个吵架的人与这位公安局长是什么关系？

这不是一道生活题，考察你对亲属关系的识别能力，而是一道思维考察题。据有关公司调查得知，能在短时间内给出正确答案的人寥寥无几。这道题的关键在于，这位公安局长是位女士，如果你能摆脱公安局长是男性的思维定式，解答这道题不是难事。你得出正确的答案了吗？

思维定式是指人的心理活动的一种准备状态，这种准备状态影响着解决问题的倾向性。定式思维是指人用某种固定的思维模式去分析问题和解决问题，这种固定的模式是已知的，事先有所准备的。

从不同的角度看待，思维定式既有积极的一面，也有消极的一面。思维定式的好处在于，人们在处理日常事务、一般情况、惯例性事务的时候，能够驾轻就熟，得心应手；它的弊端在于，当我们面临新情况新问题需要开拓创新的时候，它就变成了思维枷锁。

卡迪斯在一家有名的大公司担任总裁的职务。有一次，他们全家出去旅游，在旅途中，他们的孩子被绑架了，绑匪要求他支付200万美元来换回孩子。

夫妻二人再三考虑，还是决定报警求助。而不幸的是，歹徒好像洞悉了警方的侦查手法，对于警方的行动了如指掌，因此警方始终无法救出卡迪斯的小孩。经过几天的熬夜，卡迪斯夫妻决定答应歹徒的要求，交付200万美金，让他们的小孩能安全归来。

电视里正在报道着他的小孩被绑架的新闻，还分析说："从过去的记录来看，在这类案子中，即使歹徒得到了赎金，人质安全回来的几率还是很小。"

这时，担心而焦虑的卡迪斯突然想到："既然这样，我何不把这笔赎金变成赏金，让全市的人来帮我救小孩，重赏之下必有勇夫，也许我的小孩获救的机会更大些。"

打定主意之后，卡迪斯就直奔电视台。他利用新闻快报的时间，在电视上公开向大众宣布他的小孩被绑架的事实，他希望大家能帮忙救出他的小孩。说罢，卡迪斯就把200万美元全部倒在主播台上，然后对大家说：

"只要谁能帮我救出小孩，这200万的赎金就变成为悬赏的奖金！"

卡迪斯这一举动，大大出乎众人意料之外，尤其是绑架卡迪斯小孩的歹徒,他们看了卡迪斯把赎金变成赏金的报道后,更是不知所措。

有的歹徒认为:"卡迪斯现在把赎金变赏金,不如把小孩送回去,并假装是救出小孩的英雄,一样可以拿到200万的赏金。"

而歹徒的首领却坚决反对把小孩送回去。

这样一来,本来行动一致的歹徒,因为意见不一且互不退让,最终起了内讧,互相残杀。他们的内斗惊动了附近的邻居,有人报了警。

警方发现这些歹徒竟是犯下绑架案的绑匪,于是将他们绳之于法,并幸运地救出了小孩。

当小孩被绑架后,求得警察的援助,或者是老老实实地交付赎金,这是父母通常的选择。在大众的观念里,从没有意识到可以把赎金变成赏金,以此来激励他人,帮助自己解救孩子。也正是突破了思维定式的束缚,卡迪斯的孩子才能平安归来。

法国生物学家贝尔纳说:"妨碍人们学习的最大障碍,并不是未知的东西,而是已知的东西。"这句话恰当地阐明了固定的思维模式和已有的思维定式对一个人的束缚。勇于打破思维定式,找到更多、更好的人生解法的人,他们的人生必然丰富多彩,绚烂纷呈。

拥有不同的思维方式,突破常规,另辟蹊径,也是我们从容做事的关键因素之一。其实，我们身上的许多"枷锁"都是自设的，只要我们主动去投资自己的大脑，更新自己的观念，同时发现这些"枷锁"，并且有意识地去打破它们，这些思维"枷锁"是可以克服的。我们完全有能力控制自己的生活，活出自己的精彩。勇于行动，开阔眼界，在不断突破思维定式中学习新的知识、理念，你会看到自己刚刚走过的脚印越来越深。

事有轻重缓急，区别处理更能提升效率

任何事情都有轻重缓急、主次之分，如果不分主次地做事，就会浪费时间、事倍功半。所以，首先我们要将全部精力集中在主要工作上，从容地将其做到最好。

凡在事业上取得非凡成绩的人，他们的办事效率都相当出色，因为他们清楚任何工作都有主次之分，他们能够在工作之前先分清轻重缓急，再从容而高效地完成其中至关重要的部分。

生活在我们这个变幻莫测的时代里，几乎每个人每天都有看似忙不完的事情，每个人都在抱怨时间不够用。这时，我们就要从全局出发，将事情分出轻重缓急，将大目标分成若干个小目标，做事时先考虑优先顺序，并坚持"先做重要的事"

的习惯，在关键事情、重要工作上集中全部精力，将其做到最好。久而久之，你的工作就会变得井井有条，卓有成效。

反之，你就会觉得琐事多如牛毛，工作乱得一塌糊涂。丽芬就是因为分不清工作的轻重缓急，从而导致她在电台的工作杂乱无章。

丽芬是一家电台的执行制作，每到节目开始录制时，都能看见她蓬头乱发地在化妆间里冲进冲出，一会儿急急忙忙地拿份资料跑去影印，一会儿又到工程部看其他节目的录像情形，一会儿又像大梦初醒般地端了几杯茶进来给"特别来宾"喝。等好不容易拿到"热得冒火"的节目行程表及内容大纲时，离上场时间只剩下几十分钟了，于是在场每个人都只能集中精力，努力看稿。

主持人一边看稿还一边不放心地问丽芬："布景准备好了吗？"没想到丽芬竟然喘了一口气后回答："正在组合中。"接下来的景象可想而知，又是丽芬一个人跑来跑去，乱成一团。

每当月末开会总结时候，几乎所有的主持人都表示不愿意和丽芬这种"无头苍蝇型"的人一起工作，因为她完全分不清楚事情的轻重缓急，做事毫无逻辑。

看吧，这就是分不清轻重缓急的人的工作状态，丽芬的"忙忙乱乱"不仅影响了自己的工作，而且还耽误了整个节目的录制流程，可谓"危害深远"。

的确，常常使我们晕头转向的并不是繁重的工作，而是我们没有搞清楚自己的工作量，没法从容地设定顺序，一件一件地完成工作。那么如何找准轻重缓急，分清主次呢？我们不妨先寻找到工作中的"大石头"。

一位时间管理学教授某天为一群商学院学生讲课。他在现场做了一个实验，给学生们留下了一生难以磨灭的印象。站在那些高智商高学历的学生前面，他说："我们来做个小测验"，于是，他拿出一个广口瓶放在面前的桌上。

随后，教授取出一堆拳头大小的石块，仔细地一块块放进玻璃瓶里。直到石块高出瓶口，再也放不下了，他问道："瓶子满了吗？"所有学生应道："满了。"时间管理学教授反问："真的？"他伸手从桌下拿出一桶砾石，倒了一些进去，并敲击玻璃瓶壁使砾石填满下面石块的间隙。

"现在瓶子满了吗？"教授第二次问道。这一次学生有些明白了，"可能还没有"，一位学生应道。"很好！"教授说。他伸手从桌下拿出一桶沙子，开始慢慢倒进玻璃瓶。沙子填满了石块和砾石的所有间隙。他又一次问学生："瓶子满了吗？""没满！"学生们大声说。他再一次说："很好。"然后他拿过一壶水倒进玻璃瓶直到水面与瓶口平。

实验结束后，教授抬头看着学生，问道："这个例子说明什么？"一个心急的学生举手发言："它告诉我们：无论你的时间表多么紧凑，如果你确实努力，你可以做更多的事！"

"不！"，时间管理专家说，"那不是它真正的意思。这个例子告诉我们：如果你不是先放大石块，那你就再也无法把它放进去了。切记先处理这些'大石块'。否则，你就会终身错过了。"顿时，全部学生被教授的一番话语点醒，明白了其中的深意。

我们工作中的大事，其实就像广口瓶中的大石块，是应该被放到首要位置优先处理的，这样我们的工作才能忙而不乱，得心应手。若林正是在找准了"大石头"之后，才能自如地应付班主任工作。

若林初担任班主任工作时，时常出现手忙脚乱的现象，即使是早早地来到学校或者晚点回家，忙乱现象仍然存在。看着同事们有条不紊地工作着，若林不由反思：我为什么总是出现忙乱现象，是什么造成这一现状的呢？

于是若林就向同事们请教并观察他们的工作方式。在同事的指点和提醒中，若林发现她在开始工作的时候总是没有计划，分不清轻重缓急，手头碰到什么事情就做什么事情，学校要求做什么事情就去做什么事情，如果临时出现紧要事件，就完全找不到头绪了。

找到原因后，若林在工作中就特别注意这方面。在学期结束后若林会及时地总结班级出现的问题，定好下学期目标，此外，她还为自己准备了一个班务记录本，将发现的问题、近期需做的、固定时间做的和可迟缓完成的记录下来并进行归类，按轻重缓急合理分配完成时间，还预定出达成目标的步骤和方法，完成后再及时总结以寻求日后的改善措施。

分清了轻重缓急，若林心中就有了数，开展工作就有了思路，一切事务处理起来自然灵活自如，而她的心态也随之从容了不少。

对于若林来说，精力总是有限的，如果做事分不清主次，也许忙得昏天黑地，也做不出什么成效；相反，当她把有限的精力放在重要的事情上，不被那些看似紧急的、琐碎的、次要的事情迷失双眼，事半功倍的工作效率便不在话下。

所以，我们在做事时，不论事情有多烦琐，一定要分清轻重缓急，明白自己工作中哪些是最重要的、哪些是最值得在乎的，并坚定地把最重要的事放在首位，全情投入，设法排除干扰前进的次要事情，这样才能从容地展开工作，并取得事半功倍的良好成效。

参考文献

[1]傅毅. 放下，就是幸福[M]. 北京：中国华侨出版社，2013.

[2]唐佳艺. 放下，就是幸福[M]. 北京：北京联合出版公司，2017.

[3]东方觉慧. 拿起就是幸福，放下就是快乐[M]. 北京：东方出版社，2011.

[4]潘静，杨秉慧. 放下就是幸福[M]. 北京：华夏出版社，2009.